Not Everyone Can Become a Great Artist,
but a Great Artist Can Come from Anywhere.

并非谁都能成为伟大的艺术家，
然而伟大的艺术家却可能来自任何角落。

- Ratatouille -
– 料理鼠王 –

# DIY木食器

## 打造自己的优雅食尚

林耿毅　著

河南科学技术出版社

·郑州·

# 目 录

试。接下来，则是将轴车削与面车削作业结合使用，做出两个带有手柄的作品。作品部分最后，则回到以手工为主、非木车旋的平板类作品，读者对于整切板材的流程若有不清楚的，可在此找到答案，裁切出作品所需尺寸的木料，将木料固定于车床上进行细部的车削造型。（本书的实际编排与上文叙述略有不同。）

作品的设计，按照木车旋刀具的使用，立体式地构建，潜移默化中导引读者熟悉刀具；每个作品适用的木料固定方式也不尽相同，多加思考，日后遇到不同情况时都能应对自如。

我相信，如此生活化的木车旋题材应很少见，系统性地编制案例型教材，可以让入门者弹性利用时间学习木车旋。不要被时间捆绑，按照本书请你的木工老师指导你学习，愉快地享受阳光洒进窗户的悠闲的午后时光，做好一件件食器带回家与你的家人、朋友共享。

愿你我"自诩"为木艺厨师，做出一道道"时尚木工好料理"。

### 重要安全提示与声明

本书主要目的是提供木车旋的交流平台与参考，制作内容经过作者实际操作演练，并于书中反复提醒保持安全的操作方式。即便如此，木头的构造与节理千变万化，木工机器、个人技巧纯熟度与操作的行为也存在着多种变数；读者在从事木工作业时，一定要采取正确的防护措施，请教相关有经验者指导；对于不熟悉的机器，千万不可自行启动操作。作者与出版社不对本书中所提及的任何木工操作产生的意外、危害、损失承担相关的责任。

产品不言自明

## 何谓木车旋？

　　木车旋是将木料固定在车床上，通过动力旋转，以车刀等工具进行木料造型的一种作业。

　　食器作品多半使用单件式的木料，不需要组装、轻便、可手持，而且几乎都是圆形的对称物件。这样的特性，让我们可以在2~5小时内，以木车旋的工具、设备与制作技巧来完成。木车旋是木作技法的其中一项，建议读者如果还没有木工基础，先到木工坊学习相关的基本安全知识、熟识工具与设备，逐渐上手后，就可以结合本书的内容，来制作出自己喜爱的食器作品。如果你有自己的场地，后续也可以购置车床，搭配小型带锯、磨刀机等设备，组建专属的工作室。

　　木车旋作品的完成主要有四个阶段：木料取得、初步锯切、木车旋制作、表面处理，以下表来说明。

**2.初步锯切：** 将毛料用圆切锯锯切至适当尺寸，经过平刨、压刨整平，用台锯与推台锯锯切出所需长度与宽度，用带锯按照设计图先去除多余木料，便于将木料固定于车床上，增加车削效率。

| 木料取得 | 初步锯切 | 木车旋制作 | 表面处理 |
|---|---|---|---|
| 木工坊出售的毛料 | 圆切锯 | 车床 | 打磨器 |
| 网购木料 | 平刨 | 砂带机 | 锉刀 |
| 边角料 | 压刨 | 带锯 | 填缝材料 |
| 旧家具 | 台锯 | 铣床 | 砂纸 |
| | 推台锯 | 圆盘砂 | 上油 |
| | 带锯 | | 上蜡 |

**1.木料取得：** 因为环境的关系，我们使用的木料多是已经过蒸煮、去油脂、烘干的熟材，来源大致上为木工坊出售的毛料、网购木料、边角料、旧家具。毛料与网购短料有2.54cm（1in）与5.08cm（2in）厚可选择，确认你的作品需求。木工坊毛料长度约2.5m，网购木料则大致60cm长，二者常见宽度为12~35cm；网购木料也有小尺寸见方截面成品材，比如说5cm见方、长度20cm的，让你可以直接车削，无须锯切。你也可以在木工坊的废料箱中寻找边角料，很多大件作品切割下来的边角料，却是木车旋的圣品；一般来说，长纹理方向木料只要超过10cm的，木车旋都可以使用。你平时就可以养成习惯，将自己或别人的边角料，先大致锯切，储存于货架上，这也是一种环保的表现。

**3.木车旋制作：** 利用车床进行木车旋车削作业，切削出设计的所需尺寸。在工具的使用上，制作过程中辅以测量工具、车刀等手持工具，完成作品造型。作品完成后由车床上卸下，不易车削或特殊造型部位可能还需要砂带机或带锯、铣床、圆盘砂等机械协助处理。如果没有该类辅助设备，则可以用手工工具来进行制作，也能达到不错的效果。

**4.表面处理：** 木料造型完成后，最终进行车床上的打磨器打磨，或是车床下的缝隙填补、手工锉刀锉磨、砂纸打磨与上油、上蜡等表面处理程序。

## 为什么木料的长纹理方向如此重要？

垂直于木料的长纹理方向为木料主要的应力表现方向，木料的端面则可以承受良好的压力。

树干是木材的主要来源，树干生长的方向即为木纤维的方向，锯切出来的木材于此方向的面称为长纹理面。一般我们所说的山形纹与直纹木料，即是因不同的取材锯切方式所形成的长纹理面类型木料。横截于树干的方向，即为木料的端面，可以看到年轮。右图中的胡桃木板长纹理方向为山形纹，其对应的端面为年轮形状，相当明显。

木料具有纤维传导的特性，让我们以一大把捆绑松弛的吸管来比喻。垂直于整把吸管的方向具有良好的应力，但吸管彼此之间的联结力却相当薄弱。换句话说，垂直于木料的长纹理方向具有良好的抗弯矩能力，但平行于长纹理方向于某个程度上却很容易破坏木料，使其断裂。左下图中是一段橡木板，其长纹理方向如箭头所示；我们在它右边切下来1cm左右的宽度，于木工桌上用力敲击这段木料，木料将应声轻松断裂，敲击两次即断成三段，这印证了木纤维之间薄弱的联结力。

右下图中是一块长25cm、宽12cm的枫木料，貌似可以拿来制作成木料上长20cm的蜂蜜棒，事实上其长纹理方向细看应该是位于木料的短向，故只适合制作木料上长10cm的蜂蜜棒。

未正确地认知长纹理方向，等不到使用，木料在制作的过程中就有可能发生断裂。

端面

长纹理面

长纹理方向

长纹理面

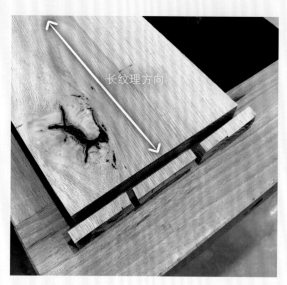

长纹理方向

长纹理方向

## 基本设备：车床、带锯、磨刀机

　　如果今后我会在家中的工作室进行木车旋，有限的空间里，只足够我放置三台机器，那么它们将是车床、带锯与磨刀机。

### 车床

　　木车旋食器的制作，主要设备为车床。车床分为四个主要组成部分：头座、尾座、刀架与床身。

1. **头座**：作为带动木料的主要部分，通常又称为动力端；配置有马达，用来驱动转轴，带动木料固定件如卡盘与头顶尖等装置。开关与紧急停止按钮通常位于该侧，应熟悉相关位置并练习使用紧急停止按钮。变速旋钮用来控制车床转速，一般我们使用的转速不会超过2000r/min，木料启动或画线以低于500r/min的转速进行，确认无异常声响、稳定旋转、木料无松脱，安全无误后再提升至1200r/min；打磨时则可以提速至1600r/min。可以转动手轮确认木料无碰撞刀架等旁物，确认安全无误再启动车床。制动旋钮则可以锁固转轴，以利于卡盘与木料装卸。

　　带有旋转功能的头座可以用手柄控制头座方向并固定，车削碗类作品时不用卸下尾座。

　　转轴中心与床身之间的距离为所能容许的物件的车削最大半径。

2. **尾座**：尾座为固定木料的辅助端，可在床身上前后移动，以把手来固定其位置。尾座带有转轴，用来装置尾顶尖等固定件，手轮可以驱动转轴进退，并以制动旋钮固定其于尾座上的位置。

　　头顶尖或卡盘与尾顶尖的最大距离为该车床的最大容许长度。头座与尾座的转轴中心形成的旋转中心为车床的轴心。

3. **刀架**：其功能在于提供车刀依靠与反作用力，可以在车床上移动、旋转，以把手与旋钮来定位。没有一种刀具可以脱离刀架使用，刀具脱离刀架是很危险的。

4. **床身**：床身像是两根工字型钢组成的，作为车床的主要构造，架设着头座、刀架与尾座，并维持车床的稳定。

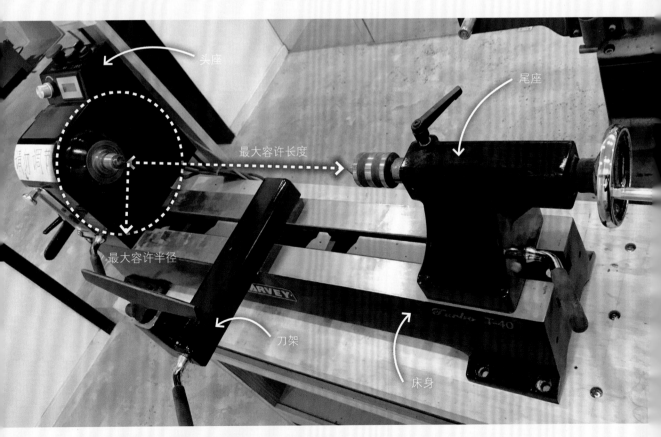

5. **禁止进入区**：启动车床前，应架设好木料，固定刀架于距离木料2cm的位置，以低于500r/min的转速启动车床，卡盘或顶尖之间的木料旋转投影范围，都算是风险区域，木料有可能松脱飞出，严禁站人。应待旋转稳定、无异声或碰撞后，逐渐提高转速至1200r/min，确认安全无误后，再站立至适当区域进行车削。

禁止进入

转速会依照物件的直径与厚度而有所不同，车旋专家理查德·拉芬（Richard Raffen）先生所著的书里都有表格可参照，而我们所说的1200r/min，是一般可单手持握物件的通则。砂纸的接触面积较小，打磨时可以提高到较高的1500～1600r/min。

## 带锯

带锯的使用常在木车旋作业的前后，用以去除不便于木料车削的区域；除了开料用的带锯，带锯的锯片一般来说不宽，便于木料的曲线锯切。例如：碗类车削前先将其外轮廓由方形木料中锯切出来，可以大大提升面车削作业的效率。

带锯看似使用简便，却容易因为轻忽而发生危险，一定要特别注意安全：

（1）不要锯切过小的木料。

（2）不可让木料悬空锯切。

（3）勿将手指置于带锯前方，要随时可视你的双手。

（4）横截锯切圆形截面木料一定要使用平行夹或楔形辅具，妥善固定木料。

（5）关机演练，确认木料可以无障碍通过。

（6）不可于作业中调整靠山与锯片导引。

（7）出现异常声响应立即停止作业。

（8）锯片太钝不应勉强进行作业，避免因推挤木料前行造成悬空。

（9）日常应演练使用紧急停止按钮。

## 磨刀机

车刀与刮刀较大，无法用一般的磨刀石进行研磨；而砂轮机稍不注意容易造成刀具退火，所以建议入门爱好者用水冷式磨刀机来进行刀具的研磨。刀具越锋利，对于作业的行为来说越安全。

## 木车旋的类别

木车旋的车削类型主要依照木料长纹理固定方向来分为三大类：

1. **轴车削作业（center work）**：将木料以长纹理方向与车床轴心方向平行固定于车床上的车削方式，称为轴车削。轴车削作业以打坯刀、轴刀、斜口车刀、截断刀等一类工具进行车削、刮削与截断的工作。

2. **端面挖深作业（end grain hollowing）**：其木料固定方式与轴车削一致，只是其动力端以卡盘固定木料，尾端则为旋臂型式，利用轴刀与圆鼻刮刀对木料端面进行挖深。由于端面的强度较高，车削的技巧较为特殊。端面挖深作业由于固定木料的长纹理方向与轴车削一致，并常伴随其进行作业，所以有时候也被视为轴车削大类下的一种。

3. **面车削作业（face work）**：将木料以长纹理方向与车床轴心方向垂直固定于车床上的车削方式，称为面车削。面车削作业以碗刀、刮刀、掏空车刀等一类工具来进行车削、刮削与掏空的作业。

不同作品的尺寸有大有小，如酱料碟、陀螺或花瓶一类，既可能是轴车削的木料长纹理平行于轴心方向的设计，也可能是面车削的木料长纹理垂直于轴心方向的设计。

一般来说，椅腿一类的作品为轴车削型式，其长纹理方向平行于椅腿长向，用以抵抗起立、坐下的反复应力，如右图所示。碗、盘类作品多为面车削型式，一般在木料上的裁切规划如下图所示；而如果是以端面作为碗底，木纤维之间的联结力较为薄弱，遇碗壁或底部较薄的情形时，受力或遇热就很容易产生龟裂或破损。

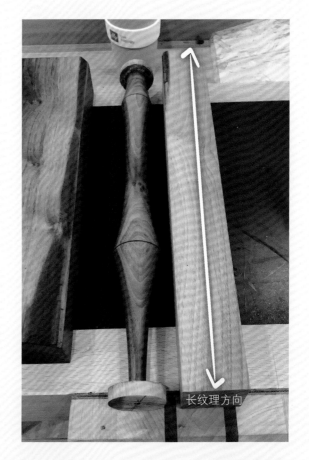

长纹理方向

长纹理方向

## 木料怎么固定？

车削作业的分类，定义的是木料的长纹理方向与相应使用的车削、刮削工具，对于固定装置如卡盘与顶尖，则以木料的大小、形状与加工的目的来运用，与车削类别无关。

如上图所示，左侧为一般常见的头座木料固定装置，右侧为尾座木料固定装置。

1.**常见的头座木料固定装置：**头顶尖与花盘、卡盘。常规头顶尖为四爪头顶尖，也会有二爪头或特小型顶尖，适合小截面木料；花盘以木螺丝直接锁固木料；卡盘则可搭配不同卡爪换装，适合不同作品设计类型，由上而下分别是装置在上面的标准燕尾卡爪、卡盘螺丝、长鼻卡爪、短鼻卡爪、塑料点式平爪、大尺寸卡爪。

2.**常见的尾座木料固定装置：**大、小杯形尾顶尖，尾顶锥，钻夹头。杯形尾顶尖根据木料截面的大小来灵活使用，尾顶锥则针对特小截面或车削进刀需求、扩座等使用。一般来说，杯形尾顶尖的固定稳定性较尾顶锥高。钻夹头则可钻深取孔、提高效率，也可以安装在头座上，用来夹持小型物件。

头座木料固定装置与尾座木料固定装置可以交叉搭配，就像是连连看，毕竟作品的设计花样百出。

（1）头顶尖与尾顶尖、尾顶锥搭配。

（2）花盘旋臂。

（3）卡盘旋臂。

（4）以卡盘为主，安装各式卡爪，以尾座装置为辅。

第27页图中列举了几种类别的搭配，大家就会比较容易理解了。

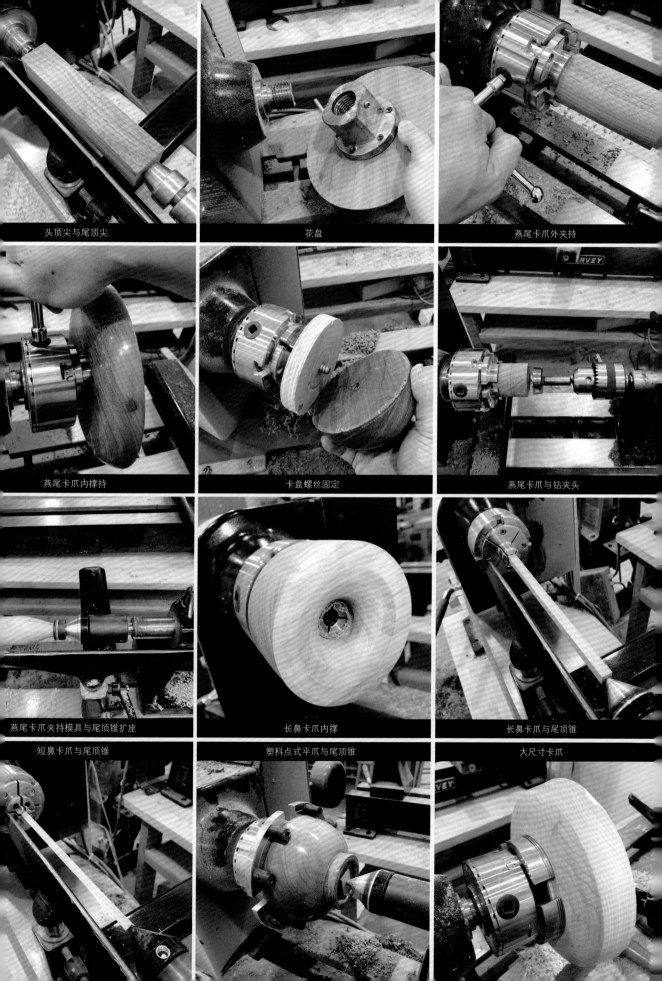

头顶尖与尾顶尖

花盘

燕尾卡爪外夹持

燕尾卡爪内撑持

卡盘螺丝固定

燕尾卡爪与钻夹头

燕尾卡爪夹持模具与尾顶锥扩座

长鼻卡爪内撑

长鼻卡爪与尾顶锥

短鼻卡爪与尾顶锥

塑料点式平爪与尾顶锥

大尺寸卡爪

## 呈现作品的关键：刀具

刀具是木车旋工具中最关键的部分，依据车削的类别区分成轴车削刀具与面车削刀具两大类。

而刀具对木料所采取的主要动作为车削（cutting）与刮削（scraping），轴车削与面车削各自有其适合执行这两种动作的工具，其中差异较显著的是面车削的刮削工具，具备了相当良好的挖深掏空性能。

入门者不用一下购置太多车刀，只要先以精简的方式购买以下几款，就能制作出本书中所有作品，刀具建议如下表所示。木车旋刀具以美式的为主流，所以下表以市面上最常见的美制车刀计算方式为主，说明其尺寸；其长度单位，1in=2.54cm。

| 车削分类 | 刀具种类 | 建议尺寸 | 尺寸依据 | 适用情形 |
|---|---|---|---|---|
| 轴车削 | 打坯刀 | 3/4in | 刀槽口的宽度 | 轴车削打坯削方成圆 |
| 轴车削 | 轴刀 | 3/8~1/2in的大小两种 | 金属圆棒部位的直径 | 轴车削车削塑形与刮削，也可用于面车削造型线条 |
| 轴车削 | 斜口车刀 | 1～1½in | 刀身宽度 | 轴车削车削塑形、正反曲面长距离塑形、修整 |
| 轴车削 | 截断刀 | 1/8in宽钻石形刀头 | 刀头宽度 | 轴车削截断木料、定直径，也可用于面车削车沟 |
| 面车削 | 碗刀 | 3/8~1/2in的大小两种 | 金属圆棒部位的直径 | 面车削车削塑形 |
| 面车削 | 平口刮刀 | 1in | 刀身宽度 | 面车削挖深、表面修整 |
| 面车削 | 圆鼻刮刀 | 3/4in | 刀身宽度 | 面车削挖深、表面修整 |
| 面车削 | 掏空车刀 | 3号 | 刀身弧度 | 面车削掏空、表面修整 |

轴刀、斜口车刀、碗刀都是用于木料造型的一类刀具，这类车刀在使用时，最重要的原则就是车削时一定要由高处往低处走，才不会引起咬料的情形发生。另一个重点是，刀锋背要靠着木料（bevel on the wood），使你的刀锋切削行为得到支撑；切削的感觉是让木料自己迎上来（let the wood come to the edge），而不是你拼了命地主动"进攻"。

弧形刀口的刀类（gouge）如打坯刀、轴刀、碗刀之中，只有用打坯刀进行削方成圆与用深槽口（deep-flute）碗刀进行表面修饰时，可以刀口向上，其他弧形刀口的刀绝不可刀口朝上进刀，否则都是危险动作，会引起严重的咬料，甚至让车刀弹开。深槽口碗刀由于两侧刀口壁较为高耸，为刀锋在木料上切削时提供了有效支撑，才不会引起咬料，建议非常有经验时再操作。

打坯刀是由一片金属弯折而成的，在刀脖子的部位金属断面尤其狭小，千万不可用于面车削的木料打坯，否则受到强大木料力臂加乘效应冲击，可能引起车刀断裂、发生危险。

轴刀本不用于面车削，其刀口的设计在某些面车削情况下容易引起咬料，造成木料损坏，但是却可以用于面车削最终的一些线条造型，接触面积较小的时候，在形塑（制作成特定形状）小线条上，甚至比碗刀好使。

掏空车刀有1号、2号、3号三种型式，分别为直线、中弯头、大弯头。如果经费有限，建议先只买3号车刀，搭配碗刀与刮刀来进行车削、刮削即可。掏空车刀的刀头为抛弃式刀片，但也可以研磨，因为与木料接触面积小，使用便利，常被木工坊拿来教授初学者进行面车削作业。掏空车刀的工作模式为刀片刮削，不应拿来用于轴车削，除非是很硬的硬木；用掏空车刀进行轴车削刮削容易将长纹理方向的木纤维都挑出来，最终并不会得到满意的表面效果。

一般人认为斜口车刀是修光用的，其实不然。斜口车刀平放或微向上举起时，就有剥皮车削的功能，常用来制作固定用的燕尾头或减小木料体积，不会产生光泽。车削时的切削刀法，因为刀形的关系，能形成光滑的表面，而让人误以为它是修光的工具。其真正的功能是轴车削时良好的长、短距离切削。

在木车旋作业里，没有一种刀具可以脱离刀架使用，刀架的功能在于提供车削受力时的支撑，刀具离开刀架会被弹开，发生危险。

唯有经过不断练习，使用刀具时才能眼到、心到、手到，让刀具随着自己的意愿行走，发挥它的功能，更重要的是让安全行为成为你的反射动作。

刀具就像是文具，需要通过使用与保养，了解每把刀的特性。即使你是初学者，笔者也不建议租借木工坊的公用刀具来进行练习，因为唯有通过车削、磨刀等不断重复的过程，亲身感受刀具的特性，你才能快速进步，乐在其中。刀具不怕被磨坏，你随时都可以再将其研磨好。

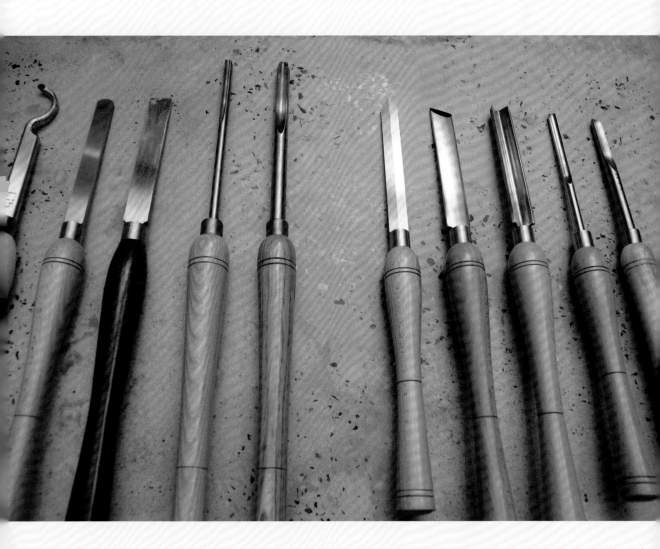

**2.卡规：** 卡规在设计上利用弧形铁片两端由于木料产生的夹距，于铁片的另一端直观地呈现木料厚度。

## 测量工具的使用

　　以木车旋来说，制作过程中最重要的测量工具，就是卡尺类限幅器（clippers）。作为一个入门者，笔者会建议先拥有以下三种工具：

**1.游标卡尺：** 可以用来测量木料直径。

**3.画线规：** 类似于圆规，但两个前端为尖锐金属材质，可直接在木料上以破坏性方式画圆。

　　其他的测量工具，如卷尺、直角尺、长直尺、角度尺、圆规、画线器、画线刀等，则在设计、裁切木料和制作全过程中使用，较具普遍性，木工入门爱好者都应该配备。

**如果说木工作品有见证奇迹的时候，
那应该就是在表面处理时**

　　木料在车床上制作完成，经过修补与打磨的过程后，最令人兴奋的便是上油、上蜡：木料呈现令人惊喜与感动的表面纹理的那一刻。表面处理大致上需要木车旋制作过程1/3的时间。

1.**填缝材料**：市面上有针对特定木料的填缝材料，此种材料已经预先按配比调制完成，呈磨砂状，干燥后可以用砂纸打磨，与木料无异。作品构件间组合缝隙较大的位置，可以用填缝材料进行填充；或用砂纸打磨木料，收集木粉，与木工胶混合作为填充材料，但干燥后强度过高，较不便于打磨。

3.**砂纸**：木车旋常用砂纸由120目开始，逐渐按目数提升，分别为240目、320目、400目、600目。砂纸目数越高，代表其所附着颗粒越细，能打磨出更细致的表面。初始打磨时，一定要检查刀痕是否确实去除；每个阶段都用手抚摸，看有没有较粗、未被打磨到的区域。一般来说，打磨至600目的砂纸已能形成效果良好的表面，但朝1000目、2000目、3000目、5000目乃至7000目进行打磨，则能得到温润手感与内敛光泽。车削技巧纯熟时，直接由240目以上目数开始打磨；特定作品不想过度打磨木料时，则由400目以上开始进行打磨。有些职业专家甚至倾向于将物件取下车床后再进行打磨，以维持物件棱角的完整性。

2.**锉刀**：针对车削、刮削后未能所及的部位，可以用锉刀锉磨去除多余木料，效率较砂纸为高，是砂纸打磨的先行作业。

4. **打磨器：** 面车削作业完成时，木料端面的孔隙常较难以去除，打磨器是一种被动式旋转的无动力手持装置；利用砂盘直径与木料的差异性，让砂盘跟车床木料旋转接触，带动砂盘，能够提高数倍打磨效率。

5. **上油：** 现代实木作品表面涂装用品以木蜡油为首选，木蜡油具有价格相对低廉、涂装方便、能保持木纹理可视性、耐刮、耐水等优点。

上油前应备妥不易掉棉絮的棉布两条和一次性塑料手套。笔者的建议是第一次上油时一定要"慷慨"，让整个作品表面泛着油光，静置15分钟，在木蜡油呈现胶状之前，用第二条棉布将多余木蜡油拭去，其间观察有无反溢的木蜡油，如有则将其擦去。后续可以每日用薄油擦拭一次，至第五次时，作品将会开始呈现光泽，手指也开始有无法接触到实木的感觉，这就是一个临界点，你可以选择要不要擦到五次或是五次以上；擦拭的次数越多，其耐刮性、耐水性会越好，却也离实木手感越来越远。

最后一次上油后，静置于温暖的空间里三天，确认木蜡油干燥、养护（curing）完备，用鼻子贴近无异味（Bob's sniff test），即算上油完成。

6. **上蜡：** 蜂蜡是常见的上蜡用品，但其抗水性能较差，食器类作品洗刷过一两次，蜂蜡产生的效果就逐渐去除了。

有些人为了食品安全，坚持选择使用蜂蜡或核桃油为木质食器进行表面涂装，但食器看起来会比较钝拙。笔者则比较推崇世界顶尖的木料涂装专家鲍勃·弗莱特纳（Bob Flexner）的研究，使用清透的木蜡油来涂装食器，充分养护干透，确认无异味后再拿来使用。读者可根据需要选择。

## 木工胶黏结

市面上最常见的手作木工专用胶，应该是"太棒"这个品牌了。"太棒"针对木料黏结主要有I、II、III号木工胶，号数越高强度越大，但这不是其分类的主要原因。

（1）I号木工胶为标准型，不具防水性，无防水要求或需要日后拆解的作品可使用。

（2）II号木工胶凝固速度快，具有防水性，能形成极薄的黏结缝隙。

（3）III号木工胶极具防水性，对于构件组装有较长的调节时间，具有微粒，木料接合带有缝隙时适用，木工胶干燥后体积减损较少。

三种胶液态时皆具水溶性，可以拌和5%以下的水使用，其初凝时间在10分钟左右。

## 安全与健康

木料由于被车床机械式地带动旋转，其所形成的力臂加乘效应非常大，操作过程中应该随时保持警觉，增强安全意识，让各个安全动作变成反射动作，随时采取应有的防护措施。

1.**护脸罩**：全罩式的面罩应随时佩戴，防止木料松脱飞出，击中面部。

2.**专业级口罩**：车削作业由于是机械打磨，粉尘极为细小，应使用专业级口罩，才能有效防止粉尘危害。口罩棉片应适时更换。

3.**护目镜**：进行打磨作业或是使用砂轮机磨刀时，应使用护目镜防止灰尘与铁屑进入眼睛。

4.**工作围裙**：工作围裙能降低飞出木料的冲击力，或是将木屑挡于衣服外。围裙绑带应置于身后，妥善绑扎。

5.**辅助照明设备**：有掏空或挖深等车削作业时，应该架设移动式照明设备，才不会事倍功半。

6.**手套**：但凡机械类的操作都不可以戴手套，以防卷入。手套的使用只针对搬料或木工桌上的锯、凿、打磨等非机械作业。

7.**集尘设备**：木车旋的打磨作业效率相当高，如果能在车床物件对向装置集尘设备，将对环境治理提供良好的助益。如果确实安装条件上有困难，也应保持工作环境通风良好。

## 如何降低咬料发生概率？

木车旋咬料的英文是catch，是车削过程中发生的一种动作；木料在瞬间咬住了刀具，致使操作者无法掌控刀具，让刀具退至刚才车削过的路径，造成木料表面的损伤。图中分别是轴刀咬料与斜口车刀咬料，我们可以在停下车床后，左手转动木料，右手将使用的刀具跟着木料的咬料痕迹向反方向退后，感受咬料发生时的过程，寻找原因。

咬料发生的原因有以下三个：

（1）由低处往高处车削。

（2）刀具离开刀架使用，木料将刀具卷下击向刀架。

（3）进刀角度不正确或使用了错误的刀具。

我们无法完全避免咬料的发生，但却可以注意到发生的原因来降低发生概率。放松你的心情，仔细思考与准备好每个步骤，保持刀具锋利，通过勤加练习，就能够渐入佳境。降低咬料发生概率的方法有以下几个：

（1）入门者，养成由高处往低处车削的习惯；熟练者，注意多轴或偏轴车削时木料的高处与低处位置。

（2）明辨轴车削与面车削的差异，并熟知在各作业下的车削与刮削行为，使用正确的车刀与刮刀。

（3）作业时集中注意力，不要左顾右盼，刀具先放稳于刀架上，再进刀。

（4）进刀的角度一定要掌握要领，清楚每把刀的用法；通过练习来掌握其精要，切忌一知半解就仓促操作。

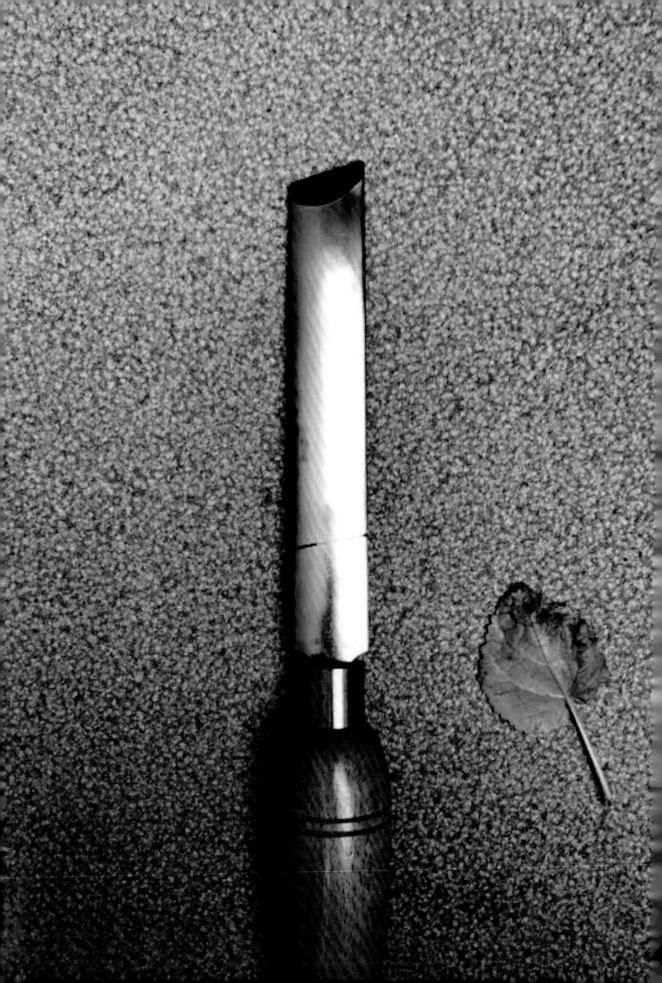

## 基本刀法

　　车刀与刮刀都是倚靠在刀架上使用的，但是却没有一定的刀架高度可以参考。刀架高度是一种原则，应随着木料车削后变小的直径与想要使用的车削技法，来动态性地调整。调整刀架前，一定要先将车床关闭。大致上，轴车削的切削行为都发生在轴线以上（包含轴线，下同），较为安全；轴车削的刮削行为，可以发生在轴线下方一点点以上的位置。而面车削的车削行为与刮削行为，均发生在轴线以上。刀架与木料的距离约为2cm，最大不得超过2.54cm。基本上切削类刀具的使用原则，皆是让刀锋背靠着木料取得支撑，让木料迎着刀锋过去，而不是过于主动地"进攻"。

　　以下我们就来说明几种常见的用刀原则。

01 **打坯刀削方成圆：**刀口朝上，刀架约在轴心水平位置下方半个刀口处，让打坯刀刀口能在轴线水平位置进刀。

02 **打坯刀车削：**削方成圆完成后，可以侧转打坯刀，当作轴刀使用，刀锋背靠木料，先去除大量多余木料。

03 **轴刀车削：**刀锋背靠木料，逐刀去除木料，每次进刀距离拉长、深度加深。刀架高度约在轴线下方半个刀口位置。轴刀不可刀口正向上使用。

04 **轴刀刮削：**刀口朝上与水平面成30°，在轴线下方一点点的位置刮削。轴车削外壁在轴线以上刮削也是安全的。刮削时刀架约在轴线水平位置。

05　轴刀端面刮削：刀身顺时针方向侧转45°，于轴心水平位置进刀，进刀时如图所示朝轴心约两点钟方向，进刀后以刀架作为支点，右手往右侧推动手柄，让刀头往左侧移动至十点钟方向，逐渐刮削掉端面木料。刮削只在轴线水平的位置，刀锋从头至尾都维持在侧转45°的角度。

06　斜口车刀剥皮车削（peeling cut）：在轴线水平高度缓速进刀，多用于减小木料体积或制作燕尾头。

07　斜口车刀缓正曲面切削（slicing cut）：斜度较缓时，将车刀的短端刀口置下，不超过车刀中线的刀锋背靠木料，向右下或左下方向切削。斜口车刀的使用，只限于偏向短刀口或长刀口的一侧，不可超过刀口中线，这个区域称为安全区域（safe zone），超过必会引起咬料。

08　斜口车刀陡正曲面切削：斜度较大时，将车刀的长端刀口置下，不超过车刀中线的刀锋背靠木料，由木料侧边绕行至轴心进行切削。

09 **斜口车刀缓反曲面切削：**斜度较缓时，将车刀的短端刀口置下，不超过车刀中线的刀锋背靠木料，由木料侧面进刀，一边前进切削，一边将刀口逐渐翻滚至木料上方。

10 由轴心观察斜口车刀短端刀口置下切削较缓的反曲面的走刀。刀架约在轴线水平位置。

11 **斜口车刀陡反曲面切削：**斜度较大时，将车刀的长端刀口置下，不超过车刀中线的刀锋背靠木料，由木料侧面进刀，一边前进切削，一边将刀口逐渐翻滚至木料上方。

12 由轴心观察斜口车刀长端刀口置下切削较陡的反曲面的走刀。刀架约在轴线水平位置。

13 截断刀车削：车刀尖端在轴线水平高度以上，进刀后，搭配侧边平移1mm的辅助车削，避免车刀被木料夹住或者产生烧痕。车削至接近轴心时，应放慢车削速度，避免过度推挤纤维，于端面产生过大孔隙。

14 碗刀正曲面车削：由轴心向外缘行进，立刀90°进刀，行进中可微翻刀口向上至30°左右增加车削量，刀架在轴线以下半个刀口位置，以利于碗刀于轴心水平高度用刀；车削水平线在轴线以上位置都算安全。一般使用碗刀时不可刀口朝上。

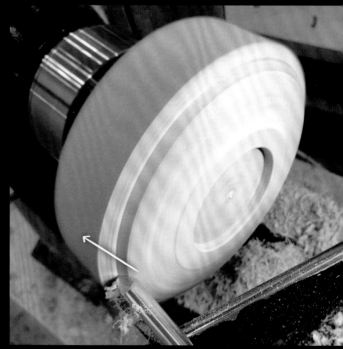

15 碗刀拉削（pulling cut）：刀口尖端由右上往左下直线前进，短距离于轴线水平高度移动去除木料。

16 碗刀推削（pushing cut）：刀锋背靠木料，于轴线水平高度进行车削；车削距离可拉长。拉削与推削可以一气呵成，形成变换车削（changing cut）来形塑木料外形。

17　深槽口碗刀修饰内外壁面车削：深槽口碗刀与轴车削的打坯刀是仅有的两种可以刀口向上的弧形刀。深槽口碗刀由于刀壁高耸，类似刀锋背，让车削动作得到支撑。车削高度在轴线水平位置，刀口壁贴着木料前进，进而修饰掉面车削表面的端面孔隙。

18　碗刀反曲面车削：刀锋背靠木料，以刀架为支点，刀口指向两点钟方向，随着车削进行，刀口指向接近轴心时回到轴心位置。刀架高度约在轴线水平高度以下半个刀口位置。

19　圆鼻刮刀反曲面挖深刮削：刀架高度以让刀口尖端落在轴心水平高度为主，刮削效率最佳。圆鼻刮刀能处理正曲面与反曲面的曲线，除了修整表面，挖深掏空的效率也非常高。

20　平口刮刀挖深刮削：刀口使用长度以不超过1/2为佳；刀架高度以让刮刀口尖端落在轴心水平高度为主，刮削效率最佳。平口刮刀适合处理垂直壁面与正曲面，是面车削内壁挖深掏空的利器。

21 **圆鼻刮刀内壁修整刮削：** 立刀在30°～75°，让刀口接触面积变小时，刮削修整效果佳，能去除面车削端面孔隙。单侧圆鼻效果更佳，可以用圆鼻刮刀研磨改刀自制。

22 **圆鼻刮刀外壁修整刮削：** 平刀或立刀使用皆可，立刀时角度在30°～75°。

23 **1号掏空车刀挖深刮削：** 刀架高度以让刀口于轴心水平位置进刀为主，刀具置放位置以说明书或刀具上所标示的安全区域为准，后退刀架，形成杠杆。刮削时轻触面料表面，随着车削的进行，刀架应调整位置，让刀身尽量能正对着车削表面，这样不容易引起咬料。

24 **3号掏空车刀挖深刮削：** 刀具置放重点与1号掏空车刀相同，刮削高度保持在轴线水平位置。刮削行为多用于瓮内造型，因角度不可视，应特别注意刀架与安全区域间的杠杆关系。

轴车削 *The Center Work*

木料尺寸： 25cm×3cm×3cm

车削类型： 轴车削

学习重点： 画线找心、顶尖安装、削方成圆、截断刀车削、轴刀塑形

※本书"木料尺寸"为所需木料的大致尺寸。

01 检查木料表面有没有断裂部分、疤痕或树节，看看其六面相互的垂直度。

02 通过木料截面的对角线交点找出端面中心，两个端面中心连线形成的中心线即木料的轴心。

03 用木锤敲击锥子在对角线交点截击形成凹陷。

04 截击点将用于顶尖照准固定。

05 使用头顶尖与尾顶尖将木料固定于车床上。

06 调整刀架至略低于车床轴心的高度，以利于打坯刀于轴心水平高度进刀；用手转动头座手轮确认木料不碰撞刀架。

07 以低于500r/min的转速启动车床，木料无异常晃动或声响时，将转速提高至1200r/min。

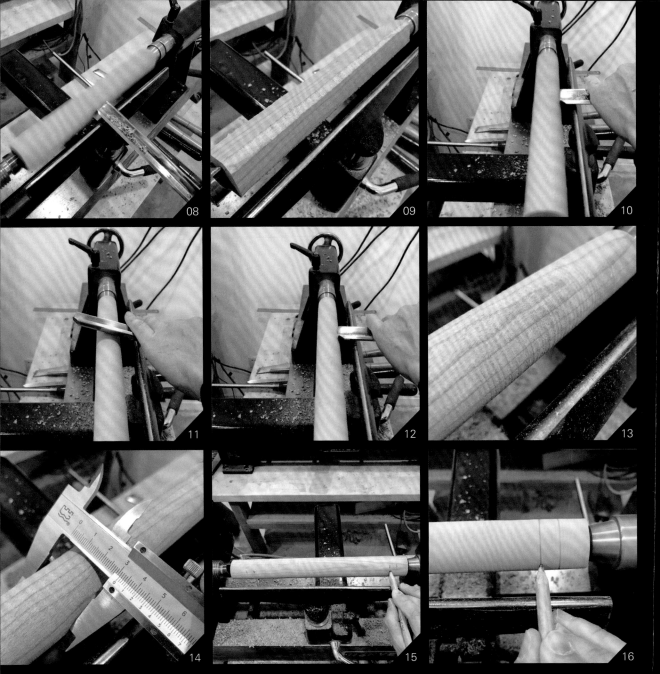

08　将打坯刀刀口朝上，由木料两端向中央前进打坯，削方成圆。

09　停下车床观察木料，木料阳角已被部分去除。

10　持续削方成圆，刀具迎击木料的声响逐渐由铿锵转为平顺，即代表打坯接近完成。

11　将刀背靠在木料上行走滑动，有声响位置即代表打坯未完善。用此快速查核方式，可以不用停机检查而提高车削整体效率。

12　削方成圆后，由右至左用打坯刀快速浅触木料行走，使木料直径能够均匀。

13　停机后你可以看到木料表面形成一圈圈的车削纹理，削方成圆就算大功告成了。

14　用卡尺检查一下木料的直径，看与你的设计尺寸差异为多少。

15　在木料的头尾用木工铅笔画四个记号，左右各两个点之间代表作品的截断区间，表明了作品大约的长度。

16　以500r/min左右的转速启动车床，将手靠在刀架上，笔头轻触木料，在木料右侧形成完整圆圈记号。

17 木料的左侧也用相同方式做圆圈记号，左侧设定为蜂蜜棒的尾部。

18 用3mm的较轻薄的截断刀于轴心水平高度车入木料约1cm左右深度。

19 用轴刀来给蜂蜜棒头部造型。将轴刀立刀90°进刀于内侧铅笔线，以此作为塑形开线，以利于左右车削形成蜂蜜棒
   头部造型。

20 用轴刀由左侧向开线进刀，开线在这里以低谷来看，持续往低谷车削来得到想要的造型。轴刀使用时要注意让
   刀锋背靠在木料上，才不会造成咬料。

21 用轴刀由开线右侧90°立刀进刀，左或右进刀后微翻刀口行进增加车削量。

22 持续左右交替进刀形成蜂蜜棒头部圆顶造型。

23 在麦克风造型下方用轴刀立刀开线，车削出麦克风头部造型。

24 用轴刀由开线右侧向左车削，这次我们试着以先在右侧多车削几刀的方式来进行。

25 蜂蜜棒的握杆比3cm的木料直径要少一半以上，所以我们用打坯刀来进行车削，提高车削效率。由木料左侧向
   右侧行进至大约握把造型的反曲线低点。

26 用打坯刀由头部造型下方，由右至左车削至握把造型反曲线低点。

27 用打坯刀在车削交会处顺平。

28 接下来给头部造型。头部下方造型由其顶部向左右两侧车削形成。先往右车削，与麦克风造型之间形成低谷。

29 再往左逐步车削缩小头部尺寸。

30 车削至所需尺寸后，可以将刀口翻转，用轴刀刀口下缘，于木料轴心线水平位置以下进刀进行刮削修饰。

31 握把底部一样以开线方式来造型，轴刀刀背靠于左侧较高的木料上进刀。

32 刀锋背靠着木料由右侧进刀，左右交替进刀形塑握把底部圆凸造型。

33 将斜口车刀长端刀口置下，于轴线水平高度、刀身垂直于轴线进刀形成V形切口，加深麦克风造型与头部下方造型间的深度。轴刀刀口由于是弧形的，执行这个动作形成的缺口较大、并不美观，所以我们用斜口车刀来操作。

34 退开刀架，用120目砂纸进行打磨，尤其是麦克风造型上下木料端面的位置，将有刀痕的地方打磨去除刀痕

35 握把用120目砂纸进行打磨，打磨转速为1600r/min。

36 麦克风造型槽用400目以上的砂纸打磨较不吃木料，可防止打磨量过大、造型改变。

37 逐渐提高砂纸目数，一般打磨至600目左右。笔者则倾向于打磨至7000目，以得到较好的温润感。

38 用截断刀车小头尾木料至直径3~5mm。

39 转速调至800r/min，左手拇指靠着刀架，另外四指握木料，右手推进截断刀至木料被截断。

40 截断后的木纤维呈现不规整状态。

41 取下作品，用横截锯或榫锯将握把末端多余木料锯除。

42 用凿子修整两端木纤维。

43 徒手用120目砂纸逐渐打磨端面至与整体所用砂纸目数相同。

01 在木料的两个端面分别画上对角线。

02 用木锤敲击锥子在对角线交点戳击。

03 用头顶尖与尾顶尖固定木料于车床上。调整刀架高度，使其略低于轴线水平位置。

04 用手转动头座手轮确认木料不碰撞刀架。

05 以500r/min以下的低转速启动车床，确认无异常声响与晃动后，将转速提高至1200r/min。

06 木料长度超过刀架长度30cm，所以我们要二次架刀。先处理左侧的削方成圆，由左至右行进打坯，此时打坯刀刀口正向上。

07 停下车床观察木料，木料阳角已经开始被去除。

08 左侧木料被车削时的声响平顺后，用打坯刀刀背靠着木料听辨是否尚有未完全打坯之处。

09 将刀架移至木料右半部进行打坯，由右向左行进。

10 削方成圆接近完成后，各分段用打坯刀快速通过，使木料均匀，可以看见木料表面形成一圈圈的环形纹。

11 将方格纸贴于纸板上制作把手的外模板，于高低转折点标上设计直径。将模板靠在刀架上，低转速启动车床，画上直径控制线。

12 用5mm钻石形截断刀车削木料至比设计直径还大约1mm。

13 用游标卡尺控制进刀深度。

14 木料上的直径控制点与模板对应，由左至右分别为高点、反曲面低点、正反曲面交点、正曲面高点。

15 用打坯刀由中车至右，由右至左车削，形塑出反曲面低点，此时打坯刀车削时略带角度用刀，如圆轴刀

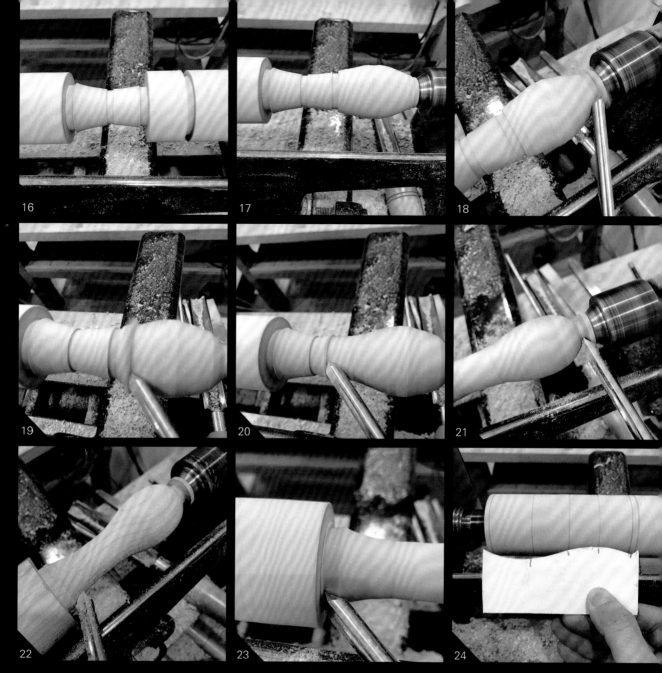

16 如果对于刀功不是很有把握，可以留一些木料当作余量。

17 从正曲面的高点，向左下、右下车削形塑出该高点。

18 直径控制大致都接近控制点后，以3/8in轴刀开始车削。由正曲面高点依正曲路径逐刀去除木料，向尾顶尖行进。

19 用轴刀由正曲面高点向左依正曲路径车削。车削量大时，应耐心逐刀前进，不宜一次入木太深。

20 反曲面的车削方式亦同，由其右侧、左侧分别向中间低谷行进去除木料，形塑反曲面。

21 大致车削完后，用轴刀于轴线下方一点点的位置，如用指甲浅触木料般，由右至左进行正曲面右半部刮削。

22 反曲面的刮削亦同。由反曲面低点起始往左是由右向左刮削，使用左半刀槽口；由反曲面低点起始往右是由左向右刮削，使用右半刀槽口。

23 刀锋背靠木料，车削出略倾斜的收口，这样的倾斜是相当利落时尚的。

24 将同样的把手模板翻面，至左侧画上直径控制线。

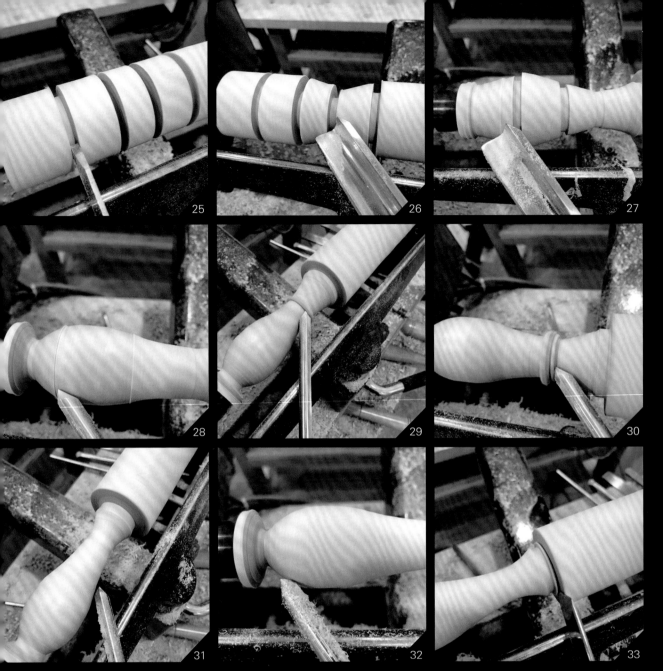

25　用截断刀车削出四个直径控制点。

26　用打坯刀由左至右、由右至左朝反曲面低点车削出反曲面弧形。

27　用打坯刀向右下、左下逐步车削形塑正曲面曲线。

28　用轴刀朝头顶尖方向做细部车削。

29　从正曲面高点向右前进，直接进入到反曲面低点。

30　由右至左车削反曲面右半部，并在中央低点与左侧车削木料做续接。

31　于轴线下方位置进行反曲面部位的轴刀刮削，接续至正曲面高点。

32　将轴刀掉头，刮削正曲面的左侧。

33　用斜口车刀车削，整平滚轴两端。

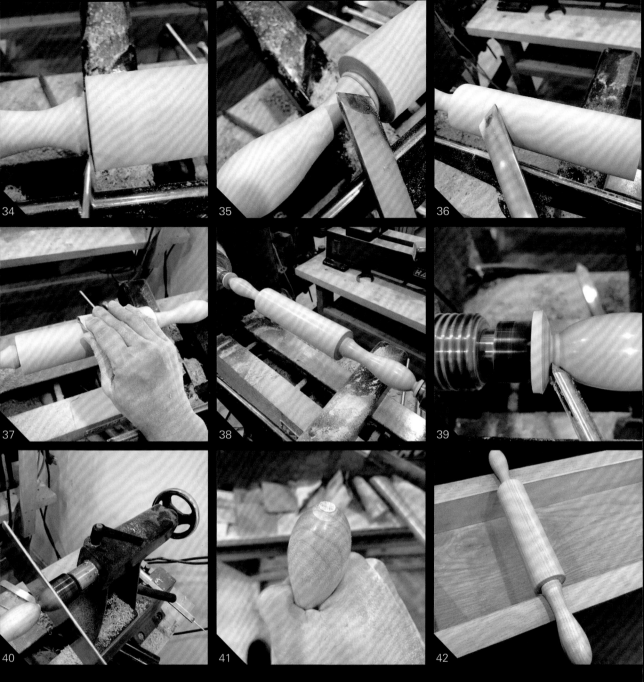

34　从这个视角你可以看到，斜口车刀的刀锋右半侧必须靠着木料进刀车削，不然就会产生咬料。

35　用斜口车刀的下半部短刀锋，侧放刀身于木料上成30°，刀锋背靠木料，车削把手的续接斜边。

36　用斜口车刀的下半部短刀锋，侧放刀身于木料上成30°，刀锋背靠木料，由右至左车削滚轴表面。此种长距离的车削，使用斜口车刀的掌控度要比轴刀高多了。

37　用240目砂纸开始打磨，车床转速为1600r/min。

38　逐步打磨至7000目。

39　打磨完成后，用轴刀车削两端把手至直径为3～5mm。

40　由于擀面杖体积较大，我们直接用停机锯切两端的方式进行截断。松开尾座固定旋钮，松开手轮一圈降低压力，用手锯锯切右侧木料。下车床后再锯切左侧。

41　用120目砂纸打磨端面锯切点，逐步打磨至7000目。

42　打磨完成后擦拭上木蜡油。

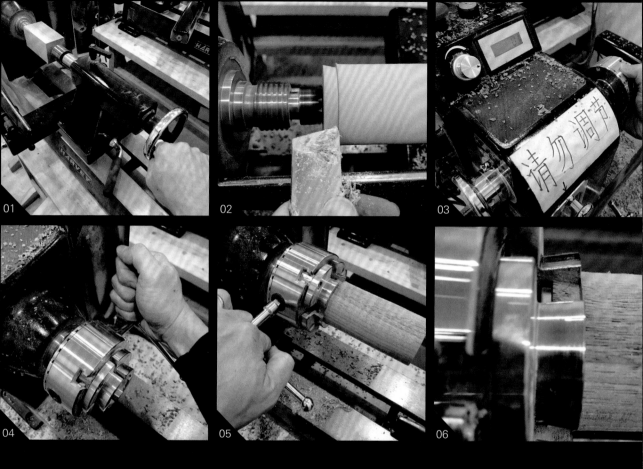

01　给木料画线、敲击出轴心后，用头顶尖与尾顶尖固定于车床上，进行削方成圆的动作。后续作品我们就将这些标准动作描述省略，读者请自行按要求做，尤其是与安全相关的操作。

02　用斜口车刀于轴线水平位置向木料左侧进刀，形成燕尾头，以利于后续卡爪夹持。此种用刀方式称为斜口车刀的剥皮车削。燕尾头长度不大于卡爪深度。

03　退去头顶尖与尾座，装上卡盘。锁固头座转轴制动旋钮，顺时针方向旋转上紧卡盘。

04　用调整卡爪的内四角扳手工具插入卡盘后，顺时针方向用力推进，以让卡盘锁固，避免在运行中松动。

05　装木料于卡盘上，旋紧卡爪抓持木料。

06　确认燕尾头顶部与卡爪顶部紧密接触，以免木料形成扭转。

07　给钻夹头装上5/8in的钻头进行第一次钻孔，尾座转轴上有刻度，可以控制钻深，我们预计钻深2.5cm。

08　调整头座马达皮带至高扭力模式。

09　手动转动头座手轮，确认木料无碰撞。

10　以500r/min以下的低转速启动车床，确认木料正常旋转，卡盘无松动。

11　提高转速至700~800r/min进行钻孔。

12　转动尾座手轮让钻夹头前进钻深，记下起始刻度，达预计钻深后停止。

13　退出钻夹头后的开孔情形。

14　换上1½in的钻头进行钻深。

15　钻深完成后将蜡烛试着放入木料中，确认孔径与深度无误。

16　由于转换过卡盘后，木料会或多或少产生轴心偏移，用打坯刀重新快速打坯。

17　用斜口车刀短刀口，刀锋斜面贴着木料，用不超过刀锋中心的下半部刀口进行车削，向左行进至竹节处。

18　用轴刀于竹节右半边向右车削出反曲面，与斜口车刀车削处接合顺平。

19　将轴刀刀面翻转，倾斜约30°，刀口不得正向上，于轴线下方进行刮削，顺平竹节反曲面至右半部直线部分。

20　于竹节位置以轴刀90°立刀进刀开线，形成竹节。

21　用轴刀于竹节处向左车削出左半部反曲线。

22　由木料左侧底部向右车削塑形。

23　在接近卡爪的位置，用轴刀由右向左车削去除木料。

24　在烛台预计底面，用轴刀90°立刀，垂直于轴线进刀开线，车削出底部。

25　下半部车削完成后，用轴刀以刮削的方式，进行下半部木料的微修整。

26　将斜口车刀长端刀口置下，深入竹节，并稍做停留形成烙痕。

27　用120目砂纸打磨钻深处内壁。

28　用240目以上的砂纸起始打磨外壁，转速为1600r/min。

29　用截断刀左右交替差1mm缓速进刀进行截断。左右交替的用意在于避免造成烙痕。

30　用截断刀车削至5mm直径。

31 内外壁同时打磨至高目数砂纸。

32 用左手握持木料，右手持截断刀进刀至木料截断为止。注意衣袖不要被卡爪卷住。

33 截断的木纤维呈现不规整断裂状。

34 用凿子或砂带机去除底部多余的木纤维。

35 手持砂纸顺着纹理将木料端面打磨顺平。

36 制作烛台时，可以用8mm钻头钻深，用于日后插饰干枝。

## 作品04　茶叶罐

木料种类：胡桃木

木料尺寸：10cm × 5cm × 5cm

车削类型：轴车削

学习重点：双燕尾头技巧、罐筒类作品制作技巧、开合构造制作、一体式车削

01　取一块边角料，厚度大约5cm，已有三个面经过平刨、压刨整平。只要经过简单裁切即可用来车削。

02　以木料厚度作为调整带锯靠山的依据。

03　以旁边废料箱中的两根木料作为推把与辅助，使用带锯将木料端面裁切成正方形。

04　用推台锯横截木料，去掉不可车削的木料至所需长度。

05　端面画上对角线、用锥子敲击后，固定木料于车床头顶尖与尾顶尖上，削方成圆。

06　用斜口车刀在木料的左右两端车削出燕尾头。

07　启动车床，将茶叶罐的边缘与开合处用木工铅笔画出。

08　用截断刀将开合处木料去除、截断。我们的目的是想让茶叶罐的罐盖与罐身使用同一块木料。

09　快截断时放慢车床转速至500r/min，截断后立即停机。

10　准备1⅞in的钻头来进行罐盖的钻深。

11　将罐盖木料锁固于卡盘上，尾座替换成钻夹头。

12　用1⅞in的钻头钻深约2cm。

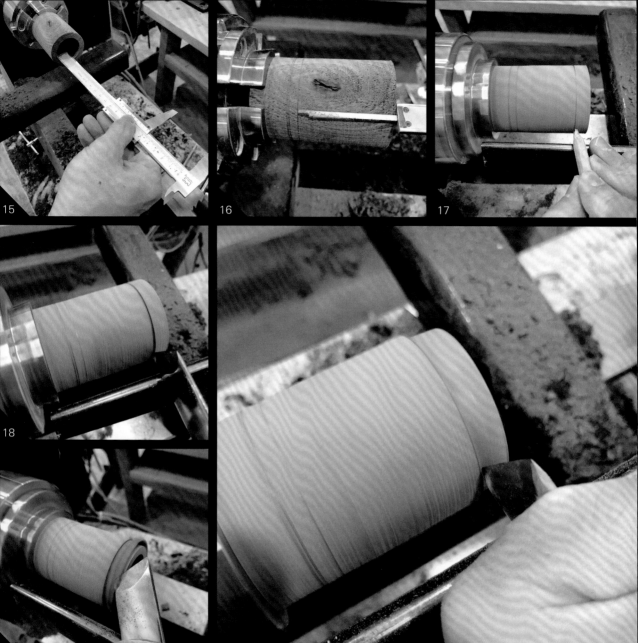

15　用游标卡尺测量罐身实际深度，并锁固卡尺。

16　将钻深尺寸标示于外壁面作为车削参考。

17　启动车床，将罐身开合处的边缘线画于木料上。

18　将斜口车刀长端刀口置下，于轴线水平位置，垂直于轴线进刀形成V形低谷。

19　用斜口车刀短端刀口，自开口处刀锋贴紧木料由右至左进行车削。

20　长向木料被去除时，木料不会掉下来，使用长端刀口垂直于轴线进刀把木料切除下来。

21  重复动作至开合口造型满意为止。车削过程中不断停机，用罐盖套合测试密合度，此处一定要紧致。

22  将罐盖纹路与罐身对上套合，并用杯形尾顶尖施压固定。

23  启动车床至1200r/min，用斜口车刀对罐盖与罐身同时车削。

24  将斜口车刀长端刀口置下，车削出罐盖与罐身边缘。

25  用斜口车刀车削出罐盖顶。将短端刀口置下，去除右侧木料让出空间。

26  将长端刀口置下，刀锋左侧靠木料，车削平面盖顶。

27　用斜口车刀车削出罐身底部，并略为车削出小弧形。

28　使用截断刀车小欲截断部位，左右交替差1mm进刀至木料直径约1cm。

29　以1600r/min打磨至7000目砂纸。

30　罐身内由于深度较大，可以折叠砂纸或以木工铅笔作为砂纸的支撑打磨内壁，以免产生危险。

31　将转速降至800r/min左右，用截断刀缓速进刀截断木料。

32　截断后，左手抓持着木料。

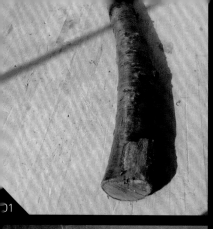

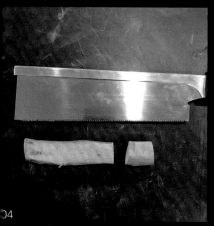

01　这是八重樱修枝时剪下来的一段树枝，我把它锯切后捡回来。

02　用锉刀将树皮去除。

03　用砂纸初步打磨后，擦拭上木蜡油存放风干，有时间再想要做成什么。

04　由于枝径并不大，我并不打算把它做成有口的食器，也不计较是否变
　　形，所以就不经过蒸煮、去油脂等程序，只用木蜡油将两端面封闭后阴
　　干。锯切下约10cm长准备来制作筷架，将较弯曲的木料锯掉。

05　另外一长段我手工做了个造型壶叉。

06　由于木料直径只有约3cm，用长鼻卡爪与尾顶锥固定木料于车床上。

07　启动车床，可以看到因木料非笔直而形成的虚影。

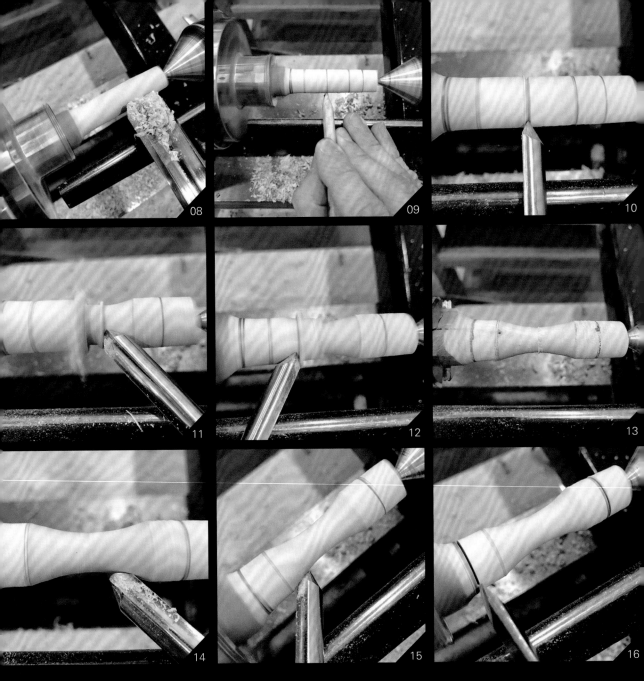

08　使用打坯刀打坯将木料整圆。由于木料很小，车削的感觉非常平顺。

09　用木工铅笔画出中线与筷架内侧曲面转折线、最外侧的截断线。

10　用3/8in轴刀于轴线水平高度垂直于轴线进刀开出低谷线。

11　由右向左车削出反曲面至低谷线。

12　再由左至右逐刀车削出左侧反曲面。

13　左右车削在低谷线交会处形成的一点点余料。

14　翻转轴刀立刀约60°，在右侧反曲面用轴刀的右下侧刀口，于轴线下方进行刮削修整。

15　至左侧反曲面，用轴刀的左下侧刀口，于轴线下方进行刮削修整。

16　将斜口车刀长端刀口置下，车削出筷架左右侧边缘。

17 用斜口车刀短端刀口下半安全区域，车削筷架左侧平面。

18 用斜口车刀短端刀口下半安全区域，车削筷架右侧平面，刀锋背一定靠着木料。

19 用240目砂纸起始打磨筷架。

20 准备截断。将斜口车刀长端刀口置下，在筷架右侧断点的谷线（指低谷线）右侧去除木料，右侧刀锋背靠着右侧木料。

21 左侧刀锋背靠着左侧木料，以左刀锋背垂直于轴线的角度，向轴线进刀。你可以选择留下右侧木料，或是先将它截断。

22 移至筷架左侧，将斜口车刀长端刀口置下，左侧刀锋背靠着左侧木料，向断点谷线前进车小木料。

23 以右侧刀锋背垂直于轴线的角度，贴着右侧木料进刀至木料截断为止。

24 筷架截断。

25 手持砂纸打磨筷架两个端面。

01　通过压刨将长纹理的两个方向整平至1.8cm与1.2cm厚。我们将一次制作两个筷架，每个筷架高1.2cm，黏结后为2.4cm，大于单个筷架的1.8cm宽。利用这样的差异，车削时将只会去除掉较高木料。

02　用推台锯锯切两段8cm长的木料。

03　将两段木料各自一侧的8cm×1.8cm长纹理面涂布Ⅱ号木工胶。

04　用废弃的包装用白纸或报纸隔在两段木料中间进行黏结，方便后续制作完成时分开两个筷架。

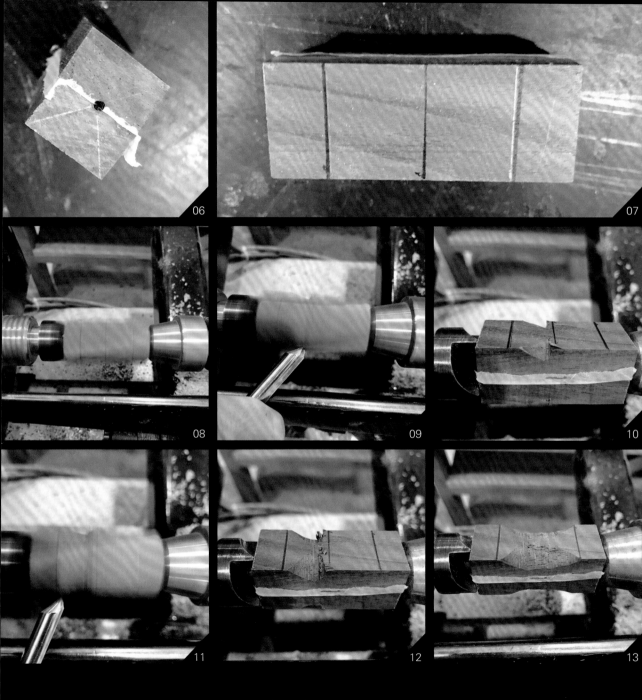

06 在两个端面画出对角线形成交点，同样用木锤敲击锥子形成凹陷孔。

07 在长纹理面画出中线，并在其左右各距离2.5cm的地方画出边线。

08 启动车床后，看到的虚影即为高度2.4cm的阳角。

14 用轴刀左侧刀口刮削修整中线左半部木料，形成反曲面。

15 用轴刀右侧刀口刮削修整中线右半部木料，续接左侧反曲面。

16 注意车削都是由高向低行进，刮削则以左右侧顺手为考量标准。

17 卷折240目砂纸，不压实，进行打磨。

18 你会看到原本较尖锐的三角形边，已经变成了较平滑的曲线。打磨过程中随时停机观察砂纸打磨的效果，
以免过度打磨，超出你想要的效果。

19 从车床上卸下木料，用圆盘砂或手锯将木料打磨或锯切至设计边线。

20　用画线器在距离两个筷架顶部7mm的位置画线。

21　在筷架的左右侧向内7mm的位置用画线器画线形成十字，作为钻孔基准。

22　在钻台上用平行夹夹持木料，并用直角尺确认木料夹持确为90°。

23　开钻前两个筷架可能会分离，不过没有关系，可以分别钻孔。如果要人为分离两个筷架，可以用两个平行夹来进行操作，或是用桌钳与平行夹搭配来进行操作。

24　用5mm钻头于十字上钻孔至超过中线，钻出同侧端面的两孔。

25　翻转木料，于十字上钻出两孔，于木料中心位置与之前两孔交会。不要一次由单侧钻到底，不然可能会产生钻孔偏移，不好看。

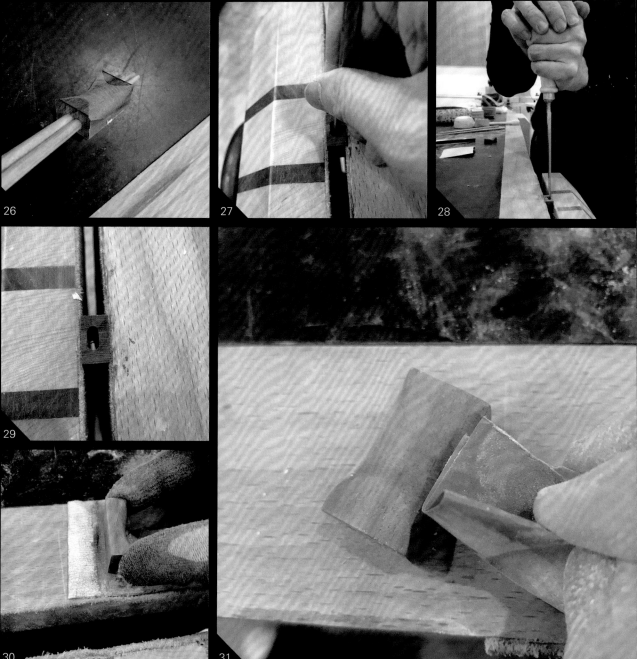

26  试套一下筷子看是否合适，孔径是否太小或太大。

27  将筷架固定于桌钳上夹紧，用小于两孔中心线距离的凿子，平行于边线去除木料。

28  确认凿子垂直度后，双手重叠，以身体力量下压凿子至筷架中心线深度。由于是端面，这样的角度非常容易去除木料，要注意力道的控制，不要贯穿筷架。

29  左右边线完成修整后，翻转木料进行另一端面的操作，下压凿子至中心线交会处。

30  由于木料较小，将砂纸置于木工桌上，前后移动木料打磨筷架的四个长纹理面。

31  卷折砂纸打磨弧形部位。

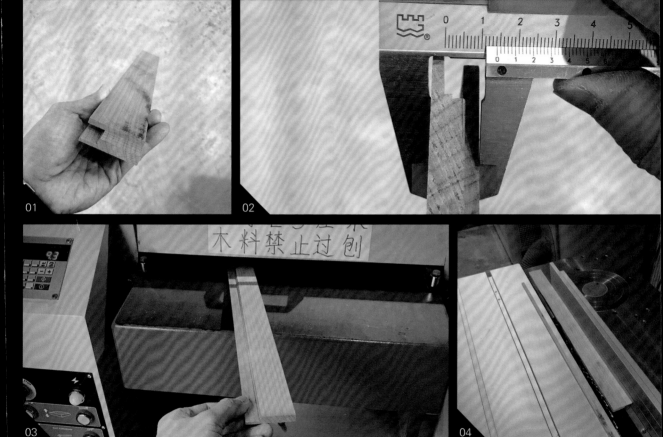

01  一般筷子的直径在1cm以下，我在废料区找到一块厚度大于1cm、长度大于25cm的樱桃木板，可以用于筷子的制作。

02  经卡尺测量木料实际厚度为1.42cm左右。

03  用压刨直接将木料刨至筷子上端方形的厚度，即0.9cm。

04  再用台锯锯切木料，宽度均为0.9cm，形成端面0.9cm见方的木条。

05　在推台锯上横截出两段长25cm的木料，预计做出一双23cm长的筷子。

06　于木料的一端画上对角线，戳击出中心。

07　给卡盘安装上长鼻或短鼻卡爪握持木料，由于木料较细，受夹持后可能产生歪斜，先在木工桌上用直角尺确认其垂直度是不是与轴线一致。

10　停机观察，可以看见木料部分阳角已被去除。

11　持续用斜口车刀车削至指定部分成圆为止，并将筷子下端车小至3mm直径。

12　筷子总长1/3的下部，最大直径控制在6mm以下，用卡尺随时测量确认。

13　将筷子总长1/3的中部作为由上部方形转换至下部圆形的转换部，用斜口车刀车削出渐变的效果。

14　停机观察渐变的情况是不是令人满意。

15　整体比例差不多时，用斜口车刀进行微整修。由于直径很小，木料会"让刀"（向后退而造成车削不完全），向右车削时，用左手扣住刀架，食指微握木料，增加其稳定性来车削。

16 向左方动力端行进时，也是以类似手势辅助使木料稳定，微削上部方形段的阳角。

17 将斜口车刀长端刀口置下，削出筷子上部截断点。

18 由右至左向截断点车削出圆锥体造型，注意截断点不宜过细，直径保持在5mm以免木料提早被截断。

19 停机，使用240目砂纸打磨筷子。

20 打磨完成后，车小顶端欲截断处至直径3mm，后续取下车床后用手锯截断。

01　这段橡木的厚板，下方有龟裂与虫洞，我们把它利用起来，做一个饭勺。用画线器画出饭勺中线，再用木工铅笔描绘出饭勺的造型，避开裂痕但留下虫洞。手柄宽度原则上不超过板厚，才有可能车削出圆形截面手柄。

02　车削前先于台钻上钻出直径5/8in的穿绳孔，可以避免车削后再钻孔造成对向木纤维的剥离。

03　用台锯锯切出所需的宽度。

04　再用推台锯横截出设计长度。前后皆需预留长1cm以上的木料，以免顶尖穿孔在作品完成后仍无法去除。

05　将中线延伸至两端面，并用画线器画出板厚的1/2，线末端作为车削轴心，用木锤敲击锥子形成轴心凹陷。

06　设计的手柄为圆形，准备通过车削完成；饭勺前端为宽曲面，不车削。所以用带锯切除手柄两侧木料前，先画出带锯锯切路径。

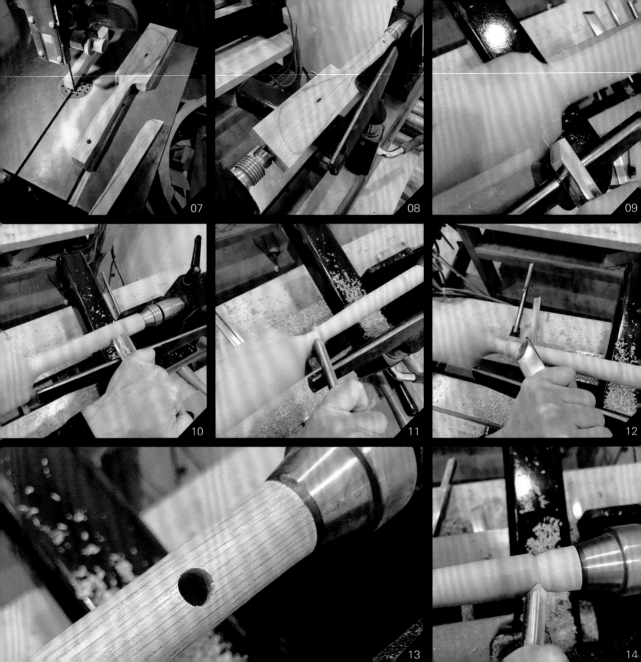

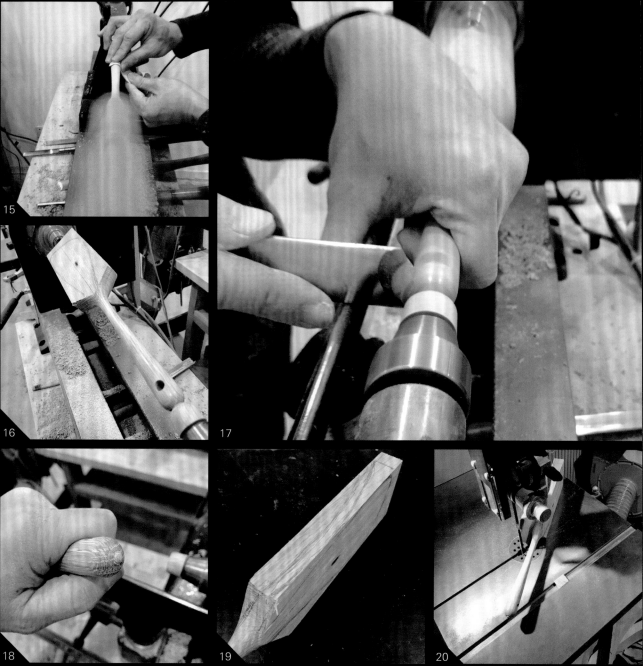

15 用240目砂纸起始打磨手柄至7000目。

16 平板与手柄的转折处，砂纸弄成卷曲状打磨，避免手指被木料击伤。

17 左手握持木料，右手将斜口车刀长端刀口置下截断木料。

18 截断点的木料最好能稍微高于手柄端面，才能在手磨完后不影响手柄端面的造型。

19 在平板段的侧面画出设计弧度。

20 用带锯锯切掉前后多余木料。锯切时不要心急，速度一定要放慢，因为木料高度很高，但支撑面却很窄，可以说不是很稳定的站立形态。接近手柄时一定要将锯片带出，不可进入手柄。带锯最忌悬空无支撑锯切，会发生木料弹跳或卷入手指的危险，一定要特别当心！

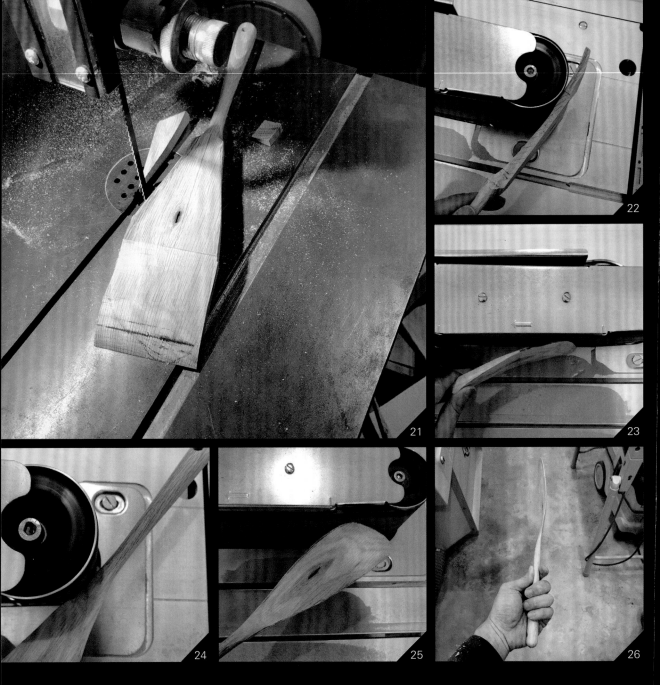

21    接下来才是用带锯锯切掉左右侧木料；如果事先锯切左右侧，再锯切前后弧形，木料就会无足够支撑，容
      易发生危险。左右侧锯切时需将勺面朝下，让木料与锯台形成支撑，锯切才会安全。

22    将勺面放在砂带的凸面打磨。

23    将勺背放在砂带有靠背的平面和无硬背的位置打磨。无硬背的位置可以将勺背打磨出立体弧形面。

24    用砂带凸面打磨续接处木料。

25    用砂带无硬背处打磨外轮廓。砂带的主要作用为塑形。

26    由于橡木硬度高，整个勺面厚度可以控制在3mm。勺面厚度是否均匀被视为打磨好坏的评判标准。

27

28

29

30

31

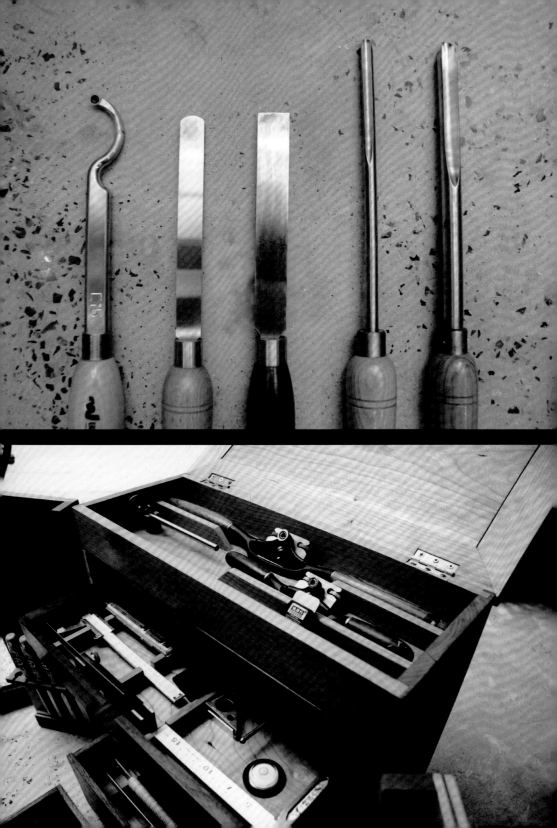

面车削 The Face Work

木料种类：胡桃木

木料尺寸：15cm×15cm×2.5cm

车削类型：面车削

学习重点：花盘固定、画线规的使用、碗刀车削、平口刮刀与圆鼻刮刀刮削、内燕尾固定

01　在木料上画上对角线形成交点。

02　以对角线交点作为圆心，画上约比花盘大的两个同心圆，作为花盘对心之用。画出正方形木料的内切圆。

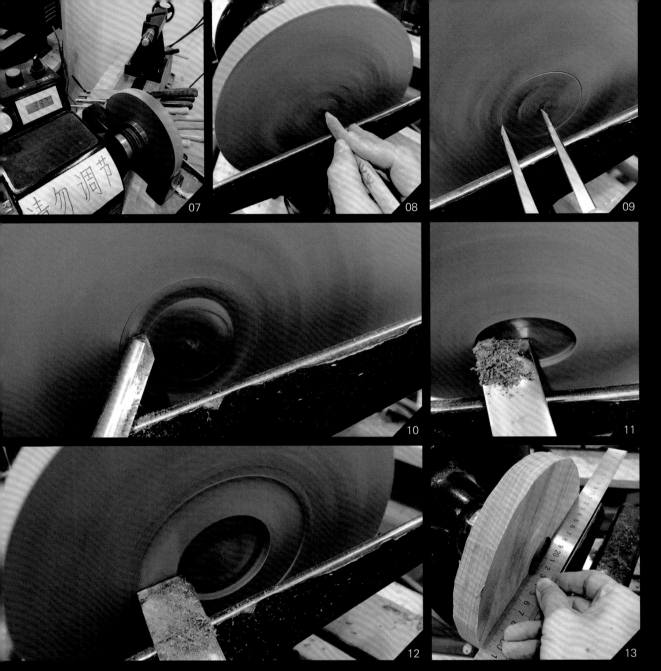

07　如果你的车床头座为可调整型式，则将头座向身体侧转动至合适位置再进行试运转。以500r/min以下的低
　　　转速启动车床试运转，观察旋转状态有无安全隐患。

08　低转速下用木工铅笔浅触木料，找出圆心。

09　用画线规浅触木料，画出半径为2.5~3cm的圆。

10　提高转速至1200r/min，碗刀刀口稍微向上与木料成30°，在画线圆的范围内车削出深约5mm的凹圆。

11　用斜口车刀在边缘车削出燕尾状槽口。

12　使用平口刮刀整平盘底木料。

13　用长尺检查刮削平整度。可以将盘底车削成略为内凹的形状，以免完成后车削不平整，或后续实木略有变
　　　形时，托盘在桌上无法放平。

14 低转速启动车床，在距离木料外缘较近的位置，用木工铅笔画圆。

15 用碗刀在画线处由内向外缘车削。

16 面车削作业时，我们不一定要先进行木料的打坯，因为在造型中，盘缘的塑形自然会去除不少的木料。

17 车床运转过程中或停机时，你都可以通过上缘清楚地看到物件的造型线条。

18 车削完成后，用圆鼻刮刀进行表面的修饰，减少端面木料的孔隙。

19 圆鼻刮刀或平口刮刀使用的最佳方法，乃是通过适当地调整刀架，让刮刀刀口斜面的最前缘位于车床的旋转轴心，但是不能低于轴心，否则就会有危险。做极细微的表面修饰时，可以立起圆鼻刮刀成60°～75°角，形成更小的接触面来完成。

20　提高转速至1600r/min，用240目以上的砂纸逐步打磨。

21　打磨至7000目砂纸，托盘呈现光泽。

22　卸下木料与花盘，你可以看见依照前面的圆心照准方式，木螺丝孔均匀地分布在所画圆的周围，代表此方式可行，提高了木材的使用率。

23　将托盘底部的内燕尾用卡爪外撑固定。

24　以同样的步骤手动转动头座手轮、低转速试运转，确认木料旋转无安全隐患。

25　低转速下用木工铅笔画出盘缘线。

26　使用碗刀，于轴线以上，刀口指向上方与木料成约30°，向右绕弧前进车削，再让刀口到达轴心。过程中碗刀不可离开刀架。

27　以同样的刀法，由距离轴心更远的位置进行车削，拉长行进距离，进而加大与加深车削范围，达到内壁反曲面的挖深要求。

28  用卡规检查盘体厚度，盘缘不小于5mm，盘底不小于1cm，托盘较不容易变形。缘口太厚则作品不好看，所以造型上可以利用碗、盘的缘口看似薄，但壁体与底面实际上却厚的方式，来降低作品的变形量与破裂概率，还能保持作品视觉上的轻巧感。

29  用圆鼻刮刀修饰表面，刮削时同样让刀口落于轴心水平位置。碗刀并不适合用来刮削碗、盘内反曲面，非常容易产生咬料。

30  盘缘口用号数较小的碗刀向内车削。

31  再用碗刀向盘缘外侧车削，刀锋背皆靠着木料行进。

32  翻转刀口与木料约成30°向上，用碗刀刮削修饰盘缘。

33  转速调至1600r/min，以120目或240目砂纸起始，逐步打磨至7000目砂纸

## 作品10　沙拉碗

木料种类：胡桃木

木料尺寸：20cm×20cm×5.2cm

车削类型：面车削

学习重点：卡盘螺丝固定，木垫片的使用，碗刀外壁拉削、推削、变换车削，打磨器打磨，碗刀内壁
车削，碗缘塑形

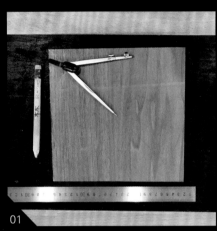

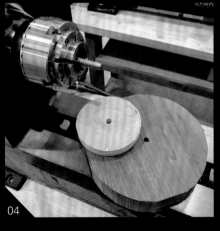

01　在5.2cm厚（平刨、压刨完后约剩下5cm厚）的木料上画出对角线形成交点。以交点作为圆心，使用圆规画出内切圆。

02　在带锯台上切割出内切圆形状。

03　于钻台上使用8mm的钻头在圆心钻深1.8cm，用于锁固卡盘螺丝。你可以在这个阶段直接钻到碗内的所需深度作为碗内车削的参考值，该孔称为深度孔（depth hole）；车削到这个深度时，就知道预计深度到了，不必担心将碗车穿而瞻前顾后，车车停停。

04　一般卡盘螺丝凸出于卡爪3.6cm，可以用1.8cm厚的夹板制作一些大小不一的木垫片，缩短卡盘螺丝进入木料的长度。因为我们车削的作品并不像国外由原木直接车削的那么大，卡盘螺丝入深1.8cm已绰绰有余，太深不好取下木料，也可能超过了作品的需求深度。卡盘螺丝以卡爪内中心夹持。

06 一样手动转动头座手轮与低转速启动车床，检查木料有无安全隐患。

07 用木工铅笔于低转速下画出内燕尾与碗底座造型的范围。设计内燕尾内撑木料车削时，其与底座造型边缘木料的距离不要低于1cm，否则木料于车削过程中容易受力崩裂、飞出。最好是内燕尾深度能深于底座，或是底座较高时，改以外燕尾夹持来设计。

08 开始制作内燕尾，用碗刀车削出深5mm的凹陷圆。

09 用平口刮刀压入刮削出周围深度。

10 用斜口车刀长端刀口车削出内燕尾造型。斜口车刀一般不适用于面车削作业；与轴刀相同，我们只在面车削中用它来做些微的辅助。

11 调整头座与刀架，便于车削由碗底木料的阳角进刀，刀架距离木料最近不小于2cm。

12　使用碗刀先练习着由右至左车削，去除阳角木料，一点一点地进行，感觉出碗刀的受力方式，有效车削。车削时刀口绝不能向上。只有深槽口碗刀能在修饰表面时，以其较高的刀口靠着木料来行进而不引起咬料，入门者不易掌控。

13　拉长行进距离，车削出弧线。以拉削（pulling cut）方式由右向左前进车削。

14　过了刀锋顶点后，刀锋背靠木料，向头座推进进行削削（pushing cut）。以拉削转换为推削的变换车削方式（changing cut），形塑出碗的正曲面外壁。

15　一般我们使用刮刀来修整车削表面，较为轻松。但是碗刀也可以刮削面车削的正曲面，你可以练习一下。刮削的安全区域在轴线以上，与轴车削的轴线以下不同。

16　平口刮刀与正曲面的接触点小，使用起来也有不错的效果，可修饰掉端面孔隙。当然，最佳的还是圆鼻刮刀，甚至是单侧圆鼻刮刀。

18　停机检查木料车削、刮削是否达到要求，有无太多端面孔隙，再进行打磨，能事半功倍。这张是刮削完成
　　后的图片，端面状况几乎与长纹理面没有差异。

19　使打磨器形成被动自转，提高面车削的端面打磨效率。

20　手持砂纸持续打磨至7000目。打磨器的圆形砂纸通常只到600目，超过这个目数或碰到打磨器不易打磨的
　　区域，则手持砂纸进行打磨。

21　逆时针方向旋转卸下木料与木垫片，松开卡爪，取下卡盘螺丝。

22　用卡爪内撑碗底燕尾固定木料。

23　以约500r/min的转速启动车床试运转，无安全隐患后再提高转速至1200r/min。

24　用木工铅笔画出碗内的车削范围线。

25　同托盘内车削的方式，先从小圆开始车削，在轴线以上、轴心以左的范围进行。

26　离开轴心较远的距离，加大范围开始车削。碗刀刀口稍微向上与木料成30°，朝右前方行进，最终刀口回到轴心处。

27　逐渐向左移动开始碗刀车削，加大、加深进刀路径。

28　车削至需要深度后，用圆鼻刮刀进行碗内侧反曲面刮削。

29　碗缘造型时由峰线（碗缘最高处）向左下、右下车削，刀锋背靠着木料进行车削。

30　内曲面如果斜度较大，就无法使用打磨器。手持砂纸打磨也会较费劲，所以务必检查确认圆鼻刮刀修饰表面后，已经没有太多端面的孔隙存在，再进入打磨阶段。

31　这个沙拉碗的碗缘设计为内外双斜平面，打磨时务必注意，不要磨圆了碗缘的角。

32　以1600r/min的转速打磨至7000目砂纸，沙拉碗已能呈现非常好的光泽。

01 在木料上画上对角线形成交点，以交点为圆心画出内切圆。

02 在8cm见方、2.54cm厚的木料上涂上 II 号木工胶，准备以黏结的方式来做成碗底燕尾。常规买到的成品板最厚为5.08cm，而好看的东方饭碗高度在6.5cm左右，常另外黏结同材质木料来达到高度。

03 将2.54cm厚的木料翻过来，在到四边等距的位置黏结木料，须以双手前往复推压，将木工胶以挤压的方式做密实。前后推挤至上方木料很难移动为止，即代表紧实，形成溢胶。你也可以先在2.54cm厚的木料上画上对角线，利用上下两块木料的对角线来照准中心。

04 在上方压上一块厚度与下方木料差不多的木料，用4个G形夹夹紧，静置24小时后，即可拆夹取用。

05 在下方木料的另一面画上对角线形成交点。

06 在台钻上用8mm钻头钻深约3.5cm，超过卡盘螺丝将使用的1.8cm；3.5cm的钻深会带有外加的0.5cm钻点，等于是4cm深度的孔。也就是碗底木料厚度将剩余1cm，外加黏结燕尾的剩余厚度。

07　翻转木料，用带锯锯切出内切圆。

08　套上木垫片，将木料固定于卡爪、卡盘螺丝上。

09　将底座方形木料车削成圆形。你会发现，事先将外黏结燕尾车削或用带锯锯切成圆形后再黏结，将会轻松
　　许多。建议读者两种方法都尝试一下。

10　用木工铅笔画上碗底燕尾外边缘线。

11　用碗刀车削出燕尾外形，燕尾直径约为6cm。

12　再用碗刀结合平口刮刀形塑碗底燕尾。由于本作品将采用外夹持燕尾的方式固定木料，所以燕尾底座的造
　　型与沙拉碗不尽相同。

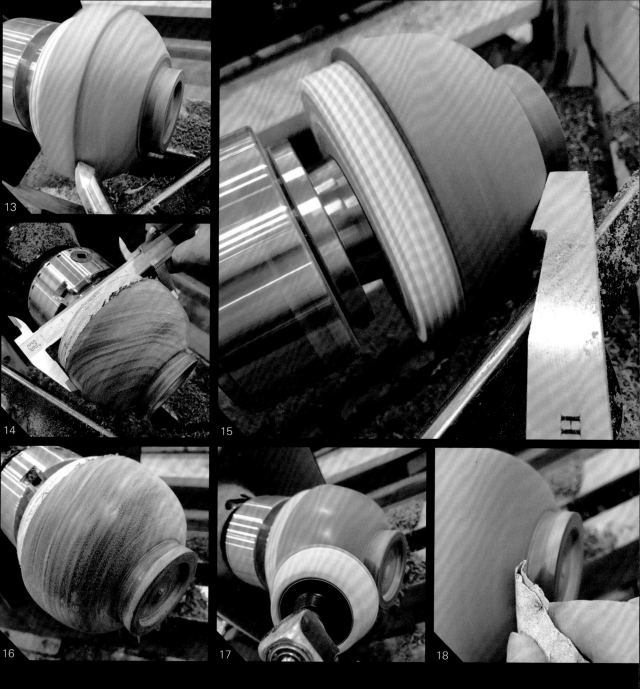

13 以拉削加上推削的变换车削方式形塑碗的正曲面外壁。

14 可以用卡尺检查外径大小。6.5cm高的东方饭碗，碗口直径10～12cm，比例上相当好看。

15 用圆鼻刮刀修饰车削面，或搭配使用前端能修饰碗身与碗底燕尾之间阴角的刮刀，效果都相当不错。

16 这是刮削完成还未打磨的样子，几乎看不到端面孔隙后再进行打磨，才能事半功倍。

17 转速调至1600r/min，用打磨器从120目或240目以上的砂纸开始进行打磨，配合手持砂纸打磨至7000目。

18 接近阴角的位置手持砂纸打磨。

19 逆时针方向旋转卸下木料。拆除木垫片与卡盘螺丝。

20 用剪裁过的止滑垫均匀缠绕燕尾底座，以卡爪外夹持的方式固定木料。止滑垫的作用在于减小卡爪对燕尾可能造成的压痕。

21 用木工铅笔画出碗内车削范围。

22 用碗刀车削出碗壁内侧。

23 随时用卡规测量壁厚，碗缘处车小至5mm，形成视觉上的轻便感，向下逐渐增加壁厚至1cm。利用底部较厚实的木料增加整个碗的劲度。

24 用圆鼻刮刀修整碗内壁的端面孔隙。

25 使用3/8in碗刀向左、向右车削碗缘造型。由于碗壁已薄，车削时会产生抖动，可以用两指或四指在碗的后方协助支撑，增加车削稳定性。

26 碗内壁反曲面由于较陡，不容易使用打磨器打磨，可以手持砂纸进行打磨。

27　卸下木料后，燕尾上可能还是会有浅浅的卡爪痕，如果较严重的话，可再车削去除。

28　使用塑料点式平爪抓持碗缘，辅以尾顶锥固定木料；由于塑料点的抓持力不是很好，尾顶锥能避免木料位移。尾顶锥与碗底间应加上木垫片防护，避免尾顶锥压陷碗底木料。较慎重的话，车削一圆形物作为尾顶锥罩使用。

29　用小尺寸碗刀刮削修整底座外部，去除卡爪痕。

30　有了尾顶锥的辅助，物件于塑料点式平爪上受到车刀的力量时，明显稳定许多，不会产生位移。

31　用砂纸打磨底部燕尾。

32　退开尾顶锥后，可以看到尾顶锥并未穿透垫片木料，也就不会造成碗底座燕尾的凹痕。

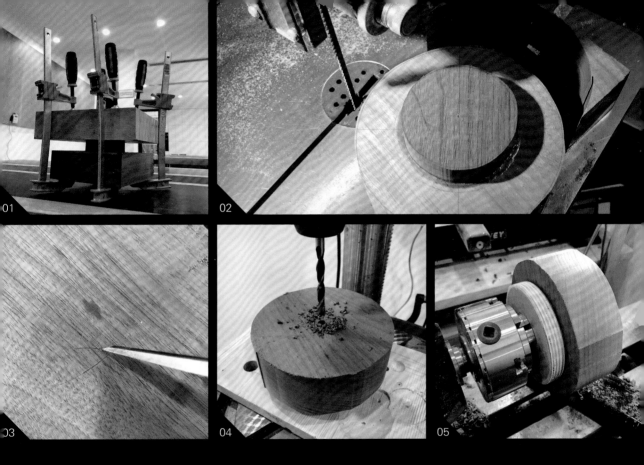

01 这次我们试着用被带锯锯切过的近似圆形的木料来黏结成燕尾底座。以与前一个作品相同的方式让燕尾溢胶后，用G形夹固定24小时，待木工胶干燥。

02 用带锯锯切出木料内切圆的形状。

03 翻转木料，准备钻出圆心孔。如果之前忘了以对角线交点定出圆心，木料就已经被锯切的话，可以用圆规或画线规从圆周处大致三个均分位置向内画弧形成交会区域，该区域中心即为木料圆心。

04 于钻台上用8mm钻头钻深3.5cm的孔，同时作为卡盘螺丝锁固孔与车削深度参考孔。

05 用卡盘螺丝与木垫片固定木料于车床上。面车削试运转的标准安全动作后续笔者就不再赘述，读者需勤加

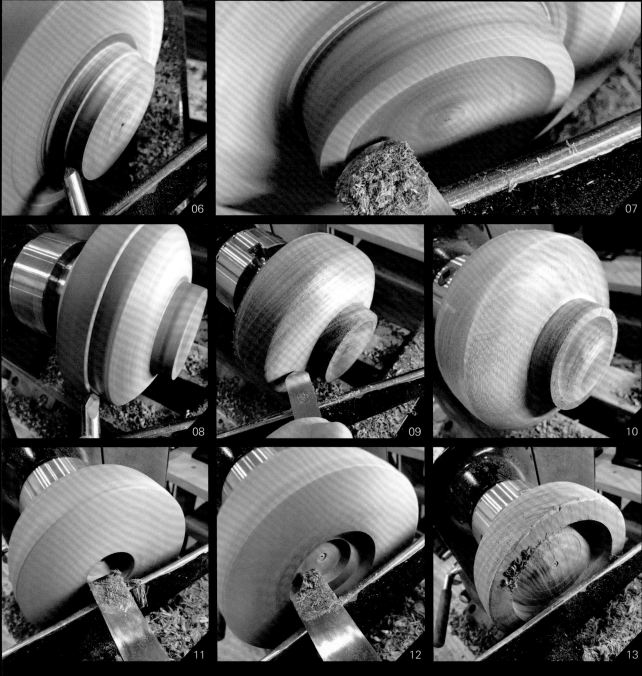

06  用碗刀车削碗底燕尾，直径约为8cm。

07  由于是外夹持，燕尾底部用圆鼻刮刀刮削出所需造型即可。

08  以拉削方式车削出碗底面正曲面弧形；形塑一明显转折点，继续以推削方式车削出外壁直线形立面。虽然外壁在造型上最终为一反曲面，在这个阶段还不急着车削出最终造型。因为木料翻转至正面时，多半会产生些小的错位或偏轴，原因是车床或卡盘的精度不足，或者卡爪夹持木料所形成的凹陷不均匀。

09  使用圆鼻刮刀立刀约30°，刮削表面修整木料。

10  从240目砂纸开始逐渐打磨至7000目。

11  卸下木料，将木料翻转，以燕尾卡爪外夹持安装。凿花碗内部挖深的前半段较笔直，可使用平口刮刀。使用平口刮刀左半部刀口，让刀口落在轴心水平的位置，以每次压入1cm的方式进刀，由轴心部位开始。

12  陆续向外扩张，每次分段压入距离不超过半个刀口长度。

13  刮削挖深至碗边缘后停止，继续挖深至深度参考孔、钻尖孔消失为止。刮刀须配合外部碗壁的造型控制进深。最终用碗刀车削出内壁曲线。

14 用圆鼻刮刀刮削出外壁的反曲面造型。这个凿花碗的特色在于上半段外壁是反曲面，内壁反而是直线形的。

15 你可以看到正确使用刮刀刮削后，尚未打磨的表面状况相当不错，仅有部分端面孔隙未去除。如果外壁厚度已经接近5mm，就不要继续使用刮刀修饰了；我们会在手凿外壁阶段，顺便凿除这些恼人的端面孔隙。

16 调整刀架方向使其深入凿花碗，用圆鼻刮刀立刀约60°，修整碗内壁。

17 检查内壁情况，看看端面孔隙是否已被去除。

18 手持砂纸打磨内外壁至高目数砂纸。

19 卸下木料，将木料夹持于桌钳上，用弧形雕刻刀以碗的下缘线为基准向上凿出弧形槽，遇长纹理面时可以纯手工挖深，但是遇到端面时，这个角度由于木料硬度相当大，可用木锤敲击雕刻刀来辅助。

20 下半部槽凿深后，将木料旋转180°固定，由碗缘侧凿深向下走，与刚才的凿深处续接。

21 不挺直的凿痕可以继续用雕刻刀修整，带点手凿痕的感觉更亲切。

作品13　凿花盘

01　以前文托盘的车削方式车削出边缘约为1cm厚的盘体，用圆规于圆周三等分的位置向内画弧形成交会区域，找出圆心。或者将盘体锁回车床，用尾顶锥推进或启动车床用木工铅笔画线，也能找出圆心。

02　用具有弹性的钢直尺下压，经过圆心在盘面画线，大致分成16等份。

03　用较窄的弧形雕刻刀，用左手食指下压凿口，右手推凿进行雕刻。可画一同心内圆控制雕刻距离。16等份里，每等份4～6个凿痕。先在分割线位置朝圆心凿出一刀，控制走向，以利于分割。

04　再于该等份中间做一处凿痕，这么做的用意是限制住每等份的凿痕大小，使其不要差异过大。

05　在剩余框线范围内再补上2个凿痕。

06　用较大的弧形雕刻刀由盘缘的位置向两侧扩大凿痕，让凿痕呈锥形向圆心收敛。

07　锥形凿痕向内可以靠拢剩下一条直线，依此原则用大弧形雕刻刀向内耐心逐刀修饰。遇到端面时尤其不易处理，应随时保持刀具锋利。

08　整个过程用G形夹将木料固定于木工桌上进行，旋转盘体面向身体以便用刀。

09　用400目以上的砂纸逐步打磨雕刻槽。

## 作品14　碗形酱料碟

木料种类：胡桃木

木料尺寸：8cm×8cm×5.2cm

车削类型：面车削

学习重点：小型作品碗刀车削

01 与碗类作品的制作步骤相同，木料画线、钻孔后，用带锯锯切出内切圆。

02 固定木料于卡盘螺丝上，并加上木垫片。车削出内燕尾后，练习用画线规画出酱料碟底部范围。

03 车削出酱料碟的外形并用刮刀修饰。

04 高转速打磨外壁至高目数砂纸后，卸下木料。

05 用卡爪内撑燕尾，练习用画线规画出酱料碟内壁范围。

06 车削酱料碟内部反曲面与碟缘。

07 用圆鼻刮刀修整内壁表面。

08 确认表面已无端面孔隙。

09 手持砂纸高转速打磨至高目数砂纸。

10 碗形酱料碟完成。

## 作品15　碟形酱料碟

木料种类：胡桃木

木料尺寸：10cm×10cm×2.5cm

车削类型：面车削

学习重点：浅碟形作品制作、圆鼻刮刀直接刮削塑形

01　将碟底造型车削完毕后，以卡盘燕尾内撑锁固木料。

02　由于碟形酱料碟较为浅平，直接用圆鼻刮刀刮削出造型即可。碟子的厚度维持在1cm左右，才不至于不显稳重。

03　用3/8in碗刀向内细部车削碗缘造型。

04　将刀面翻转，向外车削碗缘外侧造型。

05　由240目砂纸打磨至7000目。

## 作品16　侧持酱料碟

木料种类：胡桃木

木料尺寸：10cm×10cm×5.2cm

车削类型：面车削

学习重点：掏空车刀刮削、非对称碗碟类作品制作

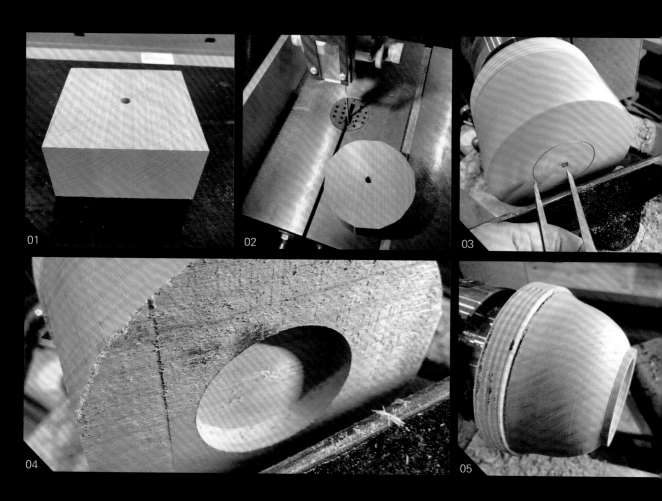

01

02

03

04

05

01　在木料长纹理面画上对角线，以两条对角线的交点为圆心画出内切圆。在钻台上用8mm钻头在圆心钻深
　　　3.5cm，做出深度孔与卡盘螺丝固定孔。

02　用带锯依照内切圆的外形切割。

03　将木料用卡盘螺丝与木垫片安装于车床上，用画线规画出半径2.5cm的圆。

04　用平口刮刀与斜口车刀制作出深度约8mm的内燕尾。

05　用碗刀车削出碟子的外形，类似于一个茶碗，碗口微向外翻。

06 打磨碟子外壁至600目砂纸即可，因为最终外壁还需要以手工打磨续接，所以在此阶段不用打磨至太高的目数。

07 卸下木料、卡盘螺丝与木垫片，将木料翻转，以燕尾卡爪内撑固定木料。

08 这次我们来试着用掏空车刀演练面车削作业。使用市面上常见的直线形的1号车刀，车削碟子的内壁；由于刀片的工作模式其实是刮削，所以用刀片浅触木料来进行刮削即可有很好的效率。刮削前刀架往后移至车刀金属部位较宽的区域来提供较好的支撑；进口的车刀会在刀的侧面标示跨置的安全区域，非进口车刀则详阅一下产品说明书。刮削由外向内逐步进行，车削深度先达1cm左右，逐渐向外围扩张。

09 你可以保留边缘的木料，先移至轴心位置，将轴心周围车削至深度孔的位置，维持木料的稳定度，减少车削振动痕。

10 碟缘处的造型记得是向外的翻口，车削时要与外壁的造型一致，维持相同的壁厚。

11 内壁刮削时可以向内前进，也可以向外拉，并没有太大的方向性限制。遇到较大尺寸的碗、盘时，则还是将刀架深入碗、盘内，用刀口的正前方来刮削，较不容易引起咬料。

12 刮削碟缘使其与外壁顺接，将内外壁的造型修整至满意的弧度，并附带修整木料经过翻转或多或少产生的轴心偏移。

13 将碟子的手持部位描绘出。选择的描绘位置应落在木料的端面区域，确保该部位木纤维是长纹理方向，木料才不容易断裂。

14 以描绘于外壁的刮削修整范围线作为参考线，固定头座制动旋钮，用手锯将不要的部位于车床上锯切去除。

15 于车床上打磨外壁；打磨时固定头座转轴制动旋钮，顺着纹理的方向来进行。

16 由于碟子较小，内壁是较陡的反曲面，内壁的打磨以手工来进行效率较高。你可以将木料留置在卡盘上，利用卡爪的固定增加稳定性。内壁的打磨一样不需要特别地去分辨端面与长纹理面，顺着纹理的方向进行，就可以得到很好的效果。

## 作品17 甜点盘

木料种类：枫木

木料尺寸：20cm×20cm×2.5cm、30cm×30cm×2.5cm

车削类型：面车削

学习重点：预钻孔、外燕尾黏结、平口刮刀刮削、手工外燕尾刨除

01　取一块厚度2.54cm、长度大约15cm的长纹理面的边角料，画上两个直径6cm的圆，一次制作两个外黏结燕尾以增加车削时的稳定性。

02　用带锯切割出燕尾的外轮廓。

03　用木锤敲击锥子于圆心形成凹陷。

04　将两个燕尾对齐，用头顶尖与杯形尾顶尖固定于车床上。用碗刀打坯并车削出左右燕尾，燕尾长度小于卡爪长度。

05　卸下木料后，你可以看到两个可爱的燕尾头。6cm的直径是卡爪可抓持的大小，也是花盘螺丝孔距离的相似大小。木工胶的黏结强度在长纹理面的表现相当好，加上黏结的范围相当于花盘螺丝孔，承受车床的旋转力与车削时的冲击力当然没有什么问题。你要注意的是黏结的密合度与超过24小时的静置时间。

06　在甜点盘的木料上画上对角线形成交点，以交点为圆心，用圆规画出比燕尾头稍大的两个圆；其目的在于黏结过程中挤压木工胶而形成大小不一的溢胶范围时，还是可以利用两个画线圆与燕尾头间的距离来对准圆心。

07 画出内切圆后，在燕尾头上涂上木工胶，用双手拇指下压燕尾头前后推挤，木工胶溢出，至燕尾头难以移动时，即代表燕尾头与车削木料的密合度可以了。

08 将重物压在燕尾头上，静置24小时。

09 在钻台上用7/8in的钻头预钻出甜点盘的造型吊挂孔。

10 用带锯切割出甜点盘的外轮廓。

11 以卡爪夹持外燕尾的方式固定木料。不要忘了启动前的试运转安全动作。

12 用木工铅笔找出圆心。

13　用画线规画出半径2.5cm的圆。

14　用平口刮刀刮削木料表面形成凸起的燕尾头。我们要利用这个燕尾头来进行另一面的车削。

15　用斜口车刀形塑燕尾头的斜边造型。由于要维持1.8cm以上的作品设计厚度，并考虑到最终车削顺序无法去除内燕尾所形成的凹孔，所以我们不在这里采用内燕尾的方式。

16　用50cm的长尺检查刮削的平整度。

17　用碗刀修整外缘带锯切痕，在木料的厚度侧画上中线。

18　在距离木料边缘2cm的位置画上范围线，作为盘缘造型车削的参考线。

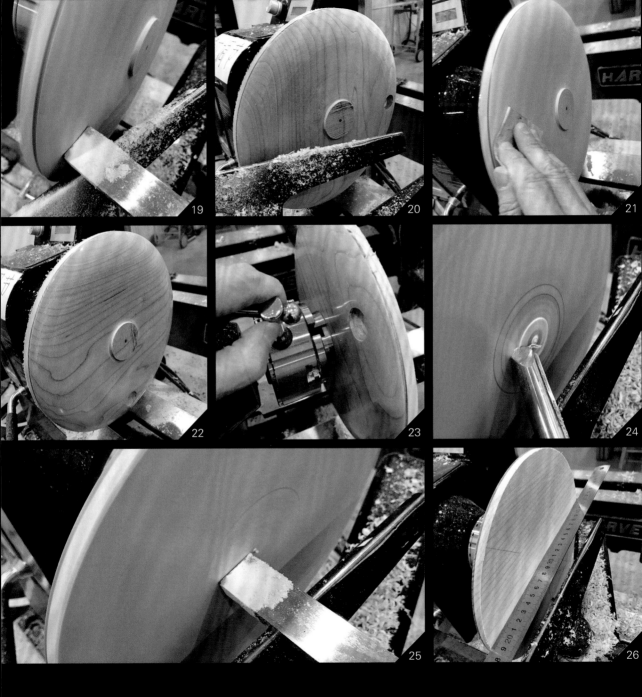

19 用平口刮刀于两条参考线的范围内刮削，外缘略呈正曲面。

20 刮削后让它近似飞碟造型，较有时尚感。

21 使用打磨器与砂纸，由240目逐步打磨至7000目。

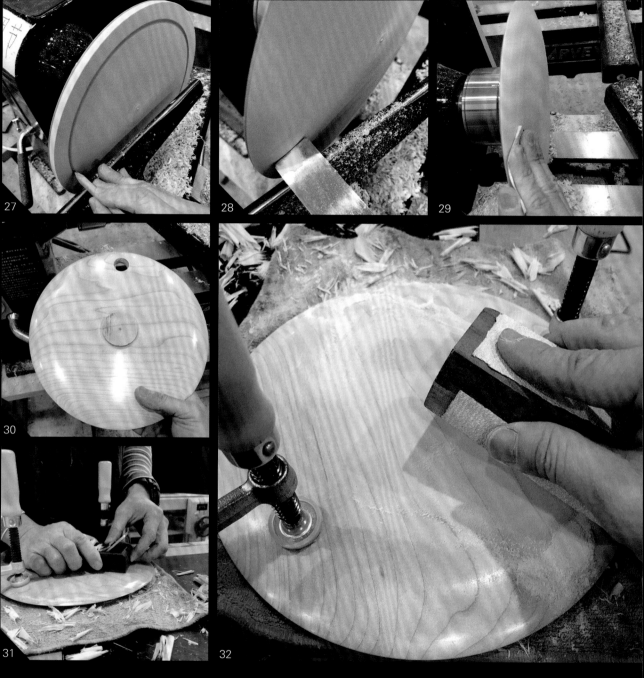

27　同样在距离木料边缘2cm的位置画上范围线，作为盘缘造型车削的参考线。

28　用平口刮刀直接刮削出盘缘正曲面，形成飞碟造型。

29　使用打磨器与砂纸，由240目逐步打磨至7000目。

30　卸下木料后，仅剩一个外凸自带燕尾需要去除。

31　将盘体用G形夹固定在木工桌上，下方垫一块布，G形夹也用有软垫的部位施力接触，避免刮伤木料表面。
　　G形夹的施力适中即可，否则会造成木料凹陷。用小型台式刨，斜45°向后以拉削的方式去除燕尾木料。

32　削平后再用砂纸顺着纹理方向打磨即可完成。

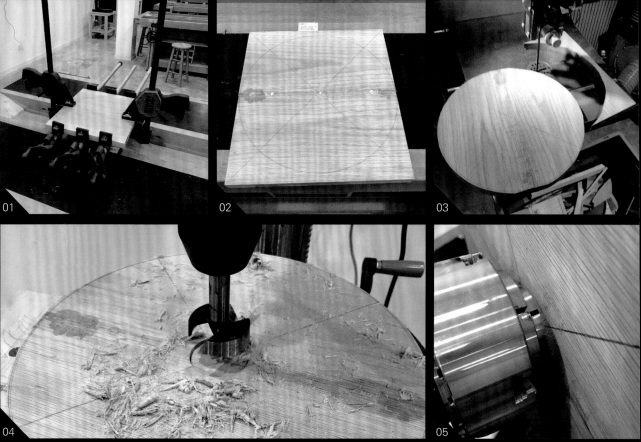

01 用经过平刨、压刨整平过的2.54cm厚、17cm宽的橡木板，裁切出长32cm的木料两段，对花对纹让接缝看起来自然。注意要拼接的是长纹理与长纹理方向。在侧长纹理面刷上Ⅱ号木工胶后，用管夹帮助拼板黏结，拼板的两侧用F形夹固定，减少板面错位。

02 静置24小时后，拆除管夹与F形夹。在木料上画对角线形成交点，以交点为圆心，用圆规画出最大的圆。

03 使用带锯锯切出外轮廓造型。

04 这个作品我们尝试着用另一种方式，不黏结外燕尾，也不在木料一侧车削出外凸燕尾减损大面积木料。我们直接使用台钻钻出直径1¾in、深3～5mm的孔作为内燕尾；在另一侧车削出一内燕尾，作品完成后，可以留下来制作激光标签印时使用。

05 将木料安装于车床卡盘上，以燕尾卡爪内撑的方式固定木料。

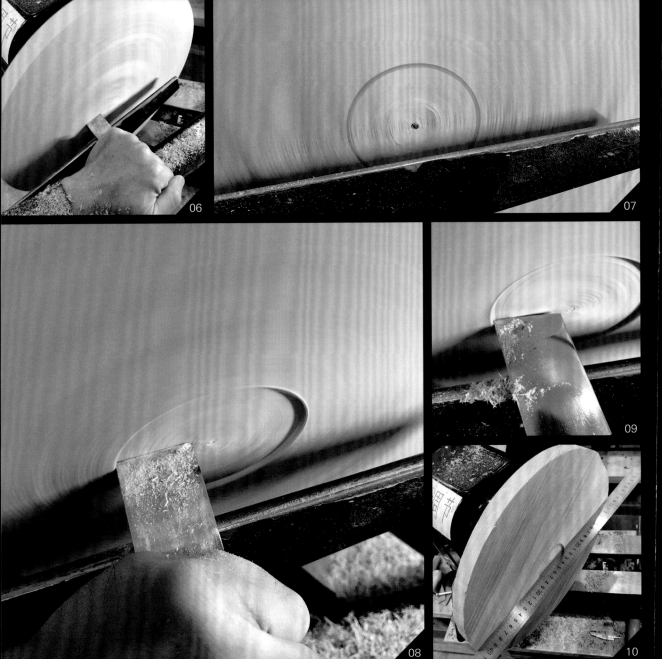

06 使用平口刮刀整平木料表面。

07 用木工铅笔找出圆心后，画出半径2.5cm的圆。

08 用平口刮刀刮削出3mm深的内燕尾。

09 使用斜口车刀去除燕尾边木料，形成燕尾斜边。

10 由于日后砧板的平整度比较重要，而实木的变形又较难避免，可以将砧板底面往中心处略为车凹陷，增加置放稳定度。这么做也可以减小因为车削得不均匀而造成砧板放置时不稳定的概率。

11 使用打磨器打磨至600目砂纸即可，甚至你可以只打磨到240目。因为砧板是用来切东西的，做得太漂亮，只会舍不得使用它，把它供起来。顾客也可能因为不想毁了它而不购买，只是看看就好。

12 翻转木料，以燕尾内撑的方式固定木料。

13 接下来的工作便是去除钻头的燕尾钻孔。至于钻点，你可以选择去除或是填补；如果是选择去除至钻点消失，木料约要再减损5mm厚，加上原本的燕尾头钻深，总共是8mm厚。这样2.54cm厚的板材制作成的砧板大致厚度是1.6cm，算是可行的。如果我们当初使用的是黏结外燕尾的话，就可以避免这8mm厚的板材减损；根据你设计的作品厚度与底面造型来决定燕尾设计。

14 车削木料表面至燕尾深度。

15 刮削修整表面，我选择留下部分钻点。

16 用碗刀车削侧壁面，接近下缘口的时候停止车削，避免砧板下缘木纤维爆边。

17 由砧板底面向右车削至中线顺平接合。

18 间歇性停机用长尺检查平整度。

19 橡木除了木纤维纹理外，表面有类似筋状的纹理，用平口刮刀或圆鼻刮刀耐心地整平，找出最满意的呈现效果。

20 砧板的表面不要有明显的斜度或水分。

21 最容易观察壁面车削效果的位置，在木料上端。你可以通过这个位置，调整用刀的方式与需要加强车削的位置。

22 在立面的设计上，以笔直的线条呈现现代感。用右手拇指与食指持直角尺的右侧靠在木料上，就能精确检查立面与砧板面的垂直度。

23 用木工铅笔于距离木料边缘1.5cm的位置画上线，准备车削出一条防溢出沟槽。

24 用5cm的钻石形截断刀，垂直于木料车削出深5mm的沟槽。

25 用打磨器打磨砧板表面至600目砂纸。

26 沟槽部位则直接卷折600目砂纸手持打磨，避免修圆了沟槽。

27 直线条呈现圆形的作品较具有现代风格，木纹理因为我们仔细地对花对纹，也不会有明显的拼接痕迹。

01　将一块长22.3cm、宽10cm、厚5.08cm的胡桃木料切割成两半，其中0.3cm为锯片宽度，所以木料长纹理面大致为10cm见方。

02　将2块木料以锯缝对分的方式排列，看看另外3个面是不是可以大致对花。

03　刷上Ⅱ号木工胶后，用4个G形夹压紧后形成溢胶，静置24小时。

04　用带锯将水杯木料圆柱体外形先行大致锯切出来。由于木料厚度约10cm，不是很好移动，锯切时务必小心，形状不理想也没有关系。

05　在钻台上用8mm钻头钻深1.8cm，用于卡盘螺丝固定。

06　卡盘螺丝套上木垫片，将木料固定于卡盘上，使用画线规画出半径2.5cm的圆。

07 用平口刮刀刮削出内燕尾。

08 用斜口车刀车削出燕尾的斜边。

09 这样的长距离立面，车削起来其实相当费劲，你可以在车床上先车削感受一下，再决定在车床上车削还是取下来用砂带先初步打磨。

10 砂带机的高度约10cm，依照长纹理面上的画线砂磨出圆形，将带锯锯切的棱角去除掉。

11 使用碗刀车削木料外壁面，形成向水杯口逐渐扩大的斜面，并用圆鼻刮刀修整表面。

12 打磨至7000目砂纸。

13 取下木料，卸下卡盘螺丝，将木料掉头，以卡爪燕尾内撑的方式固定木料。使用钻夹头由5/8in的钻头开始钻孔，每次换装钻头提升1/2in的大小，至钻头尺寸大于钻夹头夹持部为止，以便钻夹头能深入木料大于7cm。

14 我们的钻深应抵达8cm的位置，留下5mm的刮削修整余量。

15 壁面留下约1cm的厚度，用掏空车刀来刮削，进行壁面的修整。

16 杯口用碗刀向内侧及外侧、刀锋背靠着木料车削塑形。

17 用砂纸逐步增加目数打磨至600目砂纸即可。由于深度较大，将砂纸卷绕木工铅笔伸入进行打磨较为安全；内壁面由于车削与打磨不易，砂纸目数不必要求太高；未刮削完全的端面孔隙，应停机人工打磨。

18 擦拭木蜡油后静置三日，让木蜡油养护完全、干透后，将木料固定在卡爪上，手动旋转画出手凿痕的上下范围参考线。

19 将木料固定于桌钳上，用弧形雕刻刀由上至下先推凿至下缘参考线前1cm的位置，累积几道凿痕后，将木料掉头由下向上推凿，完成整条凿痕的制作。推凿时左手拇指辅助下压。

20 用直角尺齐平于木工桌画出垂直参考线，避免因为外壁为斜面而造成推凿的视觉误差，形成偏移。

21 长纹理面的推凿，会比遇到端面时轻松许多。

22 凿得不完美很正常，因为这样的凿法，本来就比垂直于长纹理面盘类推凿要费劲得多。曲折的凿痕，有其独特的美感。

23 卷折砂纸，由400目以上开始打磨刻槽内侧，打磨至7000目。

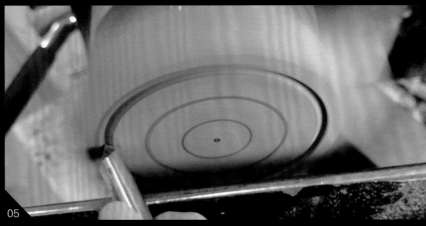

01  在木料上画上对角线后形成交点。

02  在钻台上用1¾in的钻头对准交点钻深3mm。

03  以卡爪燕尾内撑的方式将木料固定于车床卡盘上。

04  启动车床，以低转速画出三个半径差为1.2cm的同心圆（最里面的圆半径1.2cm）。

05  使用3/8in碗刀，在最外缘画圆的位置，向外围方向车削。

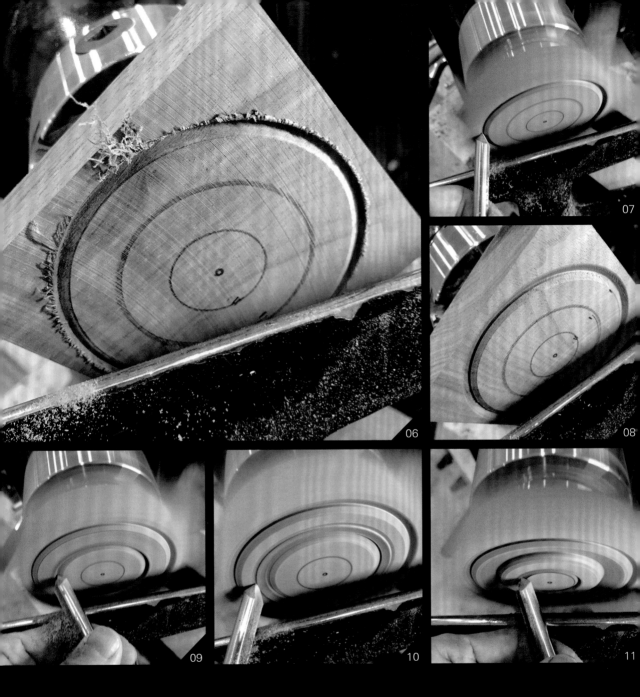

06　停机观察一下，第一道涟漪出来，与平面形成高低差是最让人兴奋的。

07　将手移至沟槽左侧，由外缘向轴心方向车削。

08　向外、向内的车削，形塑了近似于V形的沟槽。

09　在第二圈圆的位置，往外缘方向车削。

10　在第二圈圆的位置，由外缘向轴心方向车削；车削进刀处，由第二圈圆的位置，渐渐地扩大至接近最外圈

12  向轴心方向车削最内圈圆的沟槽，并逐刀车削，让最内圈圆与第二圈圆之间形成反曲面。

13  在最内圈圆内向轴心车削出涟漪的中心。

14  用碗刀刮削修饰水波纹的波缘，使其成为弧形。

15  杯垫的涟漪波峰高度应该一致，这样放杯子时才不会歪斜。

16  卷折砂纸打磨方形木料的边缘，避免手指受伤。

17  从400号砂纸开始打磨水波纹部分，避免波形木料减损过多，影响造型。

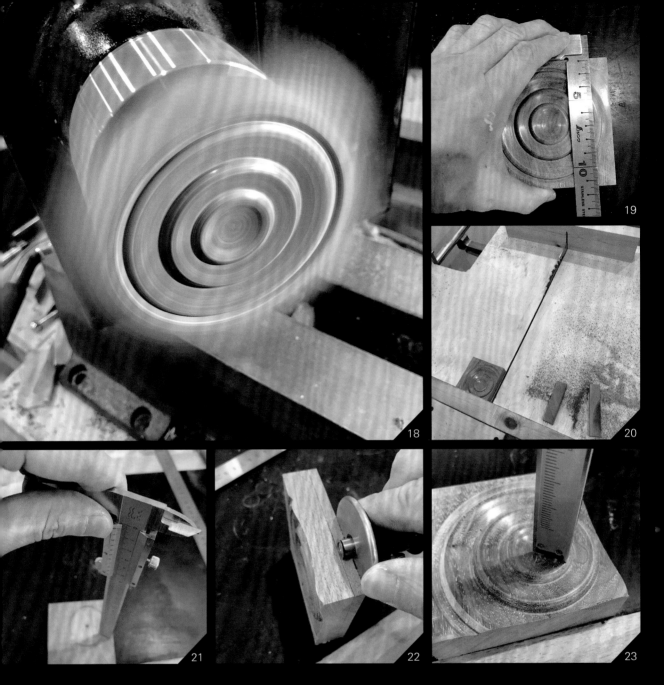

18 打磨至7000目砂纸。

19 如果只是一个位于木料中心的涟漪，看起来会像箭靶；锯切掉至少两个涟漪边缘后，才会有时尚的水波纹感。取下木料后，在第二圈涟漪与最外圈涟漪之间寻找自己认为效果最好的锯切点，用直角尺画出锯切参考线。如果方形木料角落有阳角崩裂的区域，恰可进行去除。

20 在推台锯上切除两个木料侧边。你可以锯切得一侧大一侧小，让涟漪呈现更不规则的偏心状。

21 用卡尺测量杯垫背面的实际钻深。

22 将钻深用画线器在杯垫侧边标示一圈，这是我们至少应该磨除的厚度的参考线，让杯垫背面没有内燕尾。当然你要留下燕尾钻深打上激光标识也可以，只是要注意前述锯切涟漪边缘时，不要切割到燕尾处，以免形成侧面破口。

23 用卡尺测量涟漪的最低点深度。

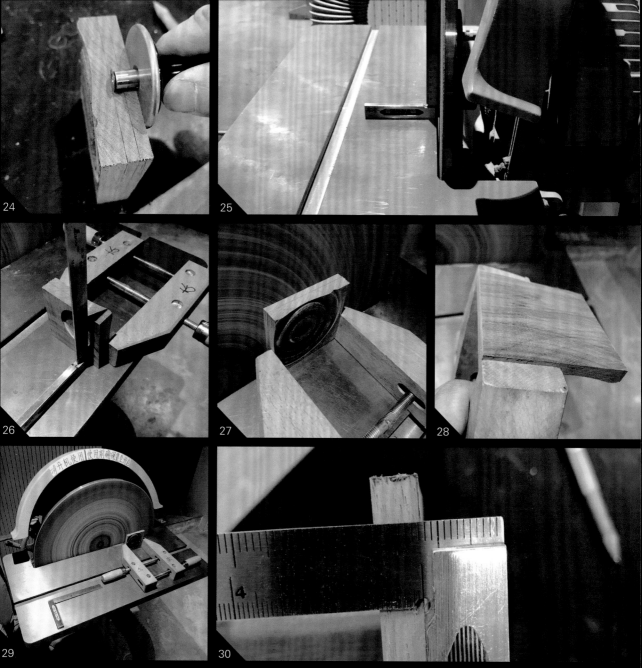

24 将大于涟漪最低点深度的距离，用画线器标示于杯垫周围一圈，这是我们磨除背面木料时不能超过的参考线。依这个作品的比例，我取的是1cm的厚度。

25 用直角尺调整确认圆盘砂台面与砂盘确实成90°。

26 用平行夹夹持杯垫，与台面成90°。

27 将杯垫缓慢向圆盘砂推近，磨除燕尾至参考线。

28 拿起来观察，经过第一条参考线后，杯垫背面的燕尾已完全被去除。

29 持续磨除至第二条参考线为止。

30 打磨完成后，测量杯垫的厚度，约为1cm。

锅垫的水波纹车削方式与杯垫没有太大的区别，只有固定木料时改以花盘来进行固定。

01　根据木料对角线与以对角线交点为圆心所画出的同心圆定心花盘。

02　在车床上旋紧花盘试运转。

03　用画线规在木料上画出半径2.5cm的圆。

04　制作内燕尾。

05　用平口刮刀找平木料。

06　拆除花盘后将木料转向，用燕尾卡爪内撑木料。

07　将花盘的螺丝孔于中心车削去除后，依照车削圆的大小，以适当比例画出三个外圈涟漪。

08　用碗刀朝外围的方向车削出最外圈涟漪的V形槽的右半部。

09　再用碗刀朝轴心方向车削出V形槽的左半部，形成V形切口。

10　朝外围方向车削出第三圈涟漪的右半部V形槽。

11　朝轴心方向车削出第三圈涟漪的左半部V形槽后，逐刀车削形成第三圈涟漪与第四圈涟漪之间的反曲面。

13 朝轴心方向车削出第二圈涟漪的左半部V形槽，逐刀车削出第二圈涟漪与第三圈涟漪之间的反曲面。

14 朝外围方向车削出最内圈涟漪的右半部V形槽。

15 朝轴心方向车削出最内圈涟漪的左半部V形槽。

16 用圆鼻刮刀刮削出中心圆的反曲面。车削成形后，用碗刀刮削，将每圈涟漪修整得较为圆滑。

17 打磨后从车床上卸下木料，用推台锯切割两个边缘的木料，让锅垫上形成偏心的图案。

18 你可以不画线来进行裁切，一刀一刀裁切出自己心中理想的图案。

## 作品22　旋凿杯

木料种类：胡桃木

木料尺寸：10cm×10cm×5.2cm

车削类型：面车削

学习重点：偏轴车削

01　在木料上画出对角线形成交点，以交点为圆心画出所需尺寸的圆后，在钻台上用8mm钻头钻深3.5cm，形成深度孔与卡盘螺丝固定孔。

02　用带锯锯切出圆的外轮廓。

03　套上木垫片，固定木料于卡盘螺丝上，用画线规画出半径3cm的底座造型线。

04　用碗刀车削出旋凿杯底座。

05　卸下木料，以卡爪外夹持的方式固定木料底座，使用碗刀车削出笔直外壁。

06 松开卡爪，调整木料朝着其中一条对角线侧呈倾斜状，再重新旋紧卡爪。此时木料便产生了另一个旋转轴心，我们且称它为第二轴心。第一次尝试偏轴车削时，可以在该对角线的位置做上记号，对比后续车削的结果找到感觉；也可以利用该记号，作为每次变换偏轴的参考，看看与前几次偏轴车削的位置有什么不同。

07 低转速启动车床，用铅笔轻触木料，木料会只有一部分被画到线。

08 停机观察，由于轴心已经侧偏，被画到线的部位，就是你会车削到的范围。车削得越深入，被画到线的区域就越深入；目前没被画到线的位置，以同样的进刀深度，形成的车削深度就浅。

09 以1200r/min的转速启动车床，可以看到画线的位置形成一条直线。

10 虽然是面车削作业，但是车削旋凿痕为简单的塑形工作，可以用轴刀进行，不会有大的危害因素产生；轴刀在面车削的细部造型上有较佳的操控度。由右向左车削出第一个宽度较大的弧线，形成四路旋凿图案的主干。你可以看见旋凿痕由宽变窄。

12

13

14

15

16

12　继续启动车床，加宽加深车削路径。随着车削的进行，凹陷部位的区域会越来越少，因为被车削得越来越接近第二轴心了；这就像是以第二轴心来进行打坯的工作。

13　停机观察。你可以通过观察木料的上部，看是否已经得到想要的U形车削曲线。由于偏轴时，右侧木料在旋转的路径上形成较高的位置，所有的车削动作，都是由右向左由高处往低处车削的方式；如果想要由左向右车削形塑出U形曲线的左半部，就会是由低处往高处车削的行为，势必会产生咬料。

14　刀口微向上30°，用轴刀刮削修饰U形槽。由于木料已被车削，轴刀在此朝左、朝右刮削，不会咬料。你可以选择在这个时候打磨第一个U形槽，或是最后在木工桌上打磨所有的槽口，让它们顺接。各槽口如果其后产生交叉情形的话，用车床快速打磨，会使两条交叉线形成过于平顺的接口而变得又宽又钝。不交叉的线条在车床上高速打磨则没有这样的问题。

15　松开卡爪，调整出第三轴心，以长纹理面上第二轴心的记号为参考，选择要朝哪一边偏移。制作多次以后，应该就不需要这些记号了；因为调整轴心，木料朝向身体的那一侧，就是会被车削得最深的那一边。

16　锁固卡爪后，低转速启动车床，一样用铅笔轻触。

17　停下机器，检查第三轴心所形成的车削路径，看位置是不是恰当。整个作品中最宽、最大、最明显的凿痕，一定要最先车削出来，再逐步配合上较窄、较浅的图案，依序画上标记，依序车削，比例的搭配才会准确。当然，设计上也能有窄却深的凿痕。

18　以1200r/min的转速启动车床，以画线位置为参考线，使用轴刀车削第二条旋凿痕。

19　停机观察两条旋凿痕的位置与搭配，再进行加宽或加深的动作。

20　左半部U形槽的造型，以轴刀边车削边自转的方式来进行，就能得到满意的弧线。

21　两条槽线的比例搭配满意后，松开卡爪进行第三条位于底部的槽线的制作，调整出第四轴心。

22　低速启动车床，用木工铅笔轻触画线。这条车削槽一定要又窄又深才会好看，你可以看到上部，铅笔线在杯底缘与第二条旋凿痕间，下部，铅笔线几乎要触及底缘却还在边线内。

23　停机观察，决定要车削的宽度与深度。

24　以1200r/min的转速启动车床，车削第三条旋凿痕。

25　松开卡爪，决定第五轴心的位置，画出第四条旋凿痕的位置。这个时候就能明显地感受到前述先车削出主槽，再搭配其他旋凿痕的用意。

26　车削出较浅宽的U形槽。我习惯在接近杯口的外壁留一段平顺、无旋凿痕的区域；因为旋凿痕的美，就是要通过与平面的对比来体现，这跟水波纹旁边要留类似平静水面的水平面道理是一样的。

27　进行杯内车削，调整刀架至轴心水平位置，我们要用刮刀进行深度的刮削作业，让刮刀最前端刮削口落于轴心水平位置上。

28　用铅笔画线，距离外缘约8mm。

29 将平口刮刀1/2以下刀口长度压入木料刮削，形成筒状掏空。

30 向外移动刮刀小于半个刀锋距离，用平口刮刀压入木料刮削至同样深度。

31 逐次移动至画线处为止。

32 依照上述压入刮削的方式，进深到深度孔钻尖痕消失为止。

33 用圆鼻刮刀修整杯底，最大深度达4cm，扣除底座在杯底形成至少1cm的厚度，维持旋凿杯的劲度；与前面碗、盘类作品相似，杯缘可以略显轻薄，但下部一定要厚实。

34 略立圆鼻刮刀成60°～75°，刮削修饰壁面。

35 由于杯底距离缘口只有4cm，杯口面宽达6.5cm，手持砂纸打磨较不具危险性，但是仍要注意安全，砂纸不可缠绕于手指上打磨。感觉砂纸快被卷走，就立即让它松脱，不要硬持着。

36 换装塑料点式平爪辅以尾顶锥固定旋凿杯，杯底垫上之前轴车削截断后的尾部木料，防止出现顶锥压痕。

37 车削底座边缘，去除卡爪爪痕。

38 退去尾顶锥，用圆鼻刮刀轻触，给底座造型。

39 在木工桌上打磨整个旋凿杯。

01  于木料长纹理面画上所需尺寸的圆，于钻台上用8mm钻头钻深3cm，作为卡盘螺丝固定孔与深度孔使用。

02  将圆心水平位置用画线器延伸至木料端面，于后续水勺开口部的下方1.5cm处做出记号，作为手柄的预钻孔位置。

03  将木料用自制10°斜面三角倒斜支撑，辅以平行夹持固定，于钻台上用8mm钻头钻深3cm。

04  用带锯锯切出勺头轮廓。

05  将木料用卡盘螺丝与木垫片固定于卡盘上。

06  用碗刀车削出底部外燕尾。

07 将木料掉头，以燕尾卡爪外夹持的方式固定木料。

08 碗刀与平口刮刀交替使用，挖深勺头内部。

09 到达深度孔指示深度后，用圆鼻刮刀刮削出底面弧形。

10 微立圆鼻刮刀成45°，修整勺头内壁面与底面。

11 用碗刀车削勺头外壁，使其形状略呈斜线形。接近卡爪时，留下约2mm木料避免碰撞。

12 用圆鼻刮刀修整外壁，使其略呈反曲面，这次不打算于车床上打磨外壁。你可以看到外壁上尚有些许端面孔隙。

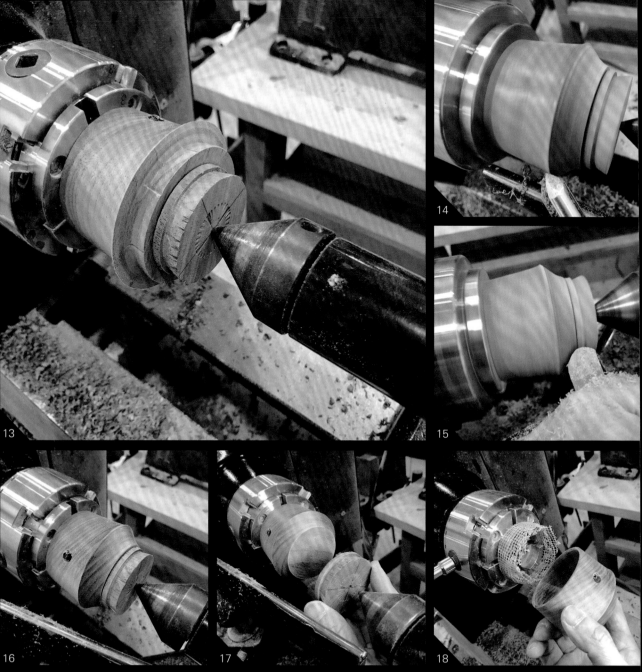

13　将木料掉头，用止滑塑料网（地毯下方用）缠绕卡爪，内撑勺头，并用尾顶锥推进增加稳定性；勺头底部辅以从前车削剩下来的燕尾头废料，防止尾顶锥戳损勺头木料。

14　用碗刀拉削出勺头外壁底座反曲面。

15　微立圆鼻刮刀修整底座反曲面。

16　完成外壁制作后不要打磨，避免将两个反曲面接合处的利落线条修饰成圆角。

17　后退尾顶锥，可以看见燕尾头废料对勺头木料产生了非常好的保护效果。

18　取下勺头木料后，可以看见均匀缠绕于卡爪上的止滑塑料网。

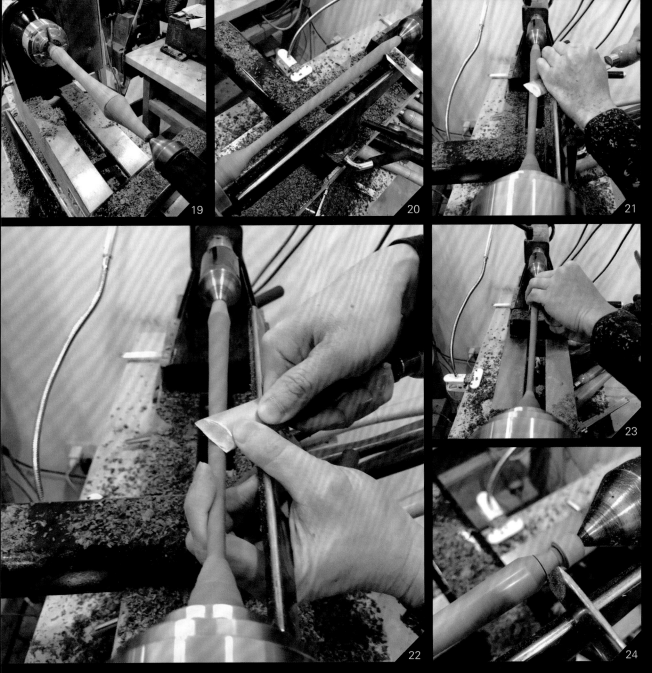

19 手柄的木料我采用了一根从前制作椅子因不满意整体比例而遗留下来的椅腿，废物利用。将5/8in椅腿榫头直接用卡爪底部夹持，辅以尾顶锥固定。

20 用打坯刀车削木料，使手柄左侧直径1cm，右侧直径2cm。

21 用斜口车刀由右侧高处向低处前进修整手柄木料表面。

22 遇木料抖动时，改变持刀手势，左手轻扣握木料、借力刀架稳定木料进行车削。

23 提高转速至1600r/min，由240目砂纸起始打磨至7000目。

24 将手柄尾端用轴刀车削成与勺头底座相似的形状。将斜口车刀长端刀口置下，车削出手柄尾端截断点。

25　将手柄前端用斜口车刀车削出最大直径8.5mm、前端逐渐变小的锥形头，便于安装于勺头上。

26　停机，用榫锯锯切截断手柄尾端。

27　再用榫锯锯切截断手柄前端。

28　将手柄试安装插入勺头后，用细铅笔将手柄于勺头外壁的内外入木范围标示出来，作为锯切榫头参考线。

29　将手柄木料依参考线水平位置倾斜夹持于木工桌钳上锯切，锯切范围不要超过参考线。

30　由于榫片相当狭小，用台锯来控制榫片宽度与厚度，使用胡桃木废料来锯切。

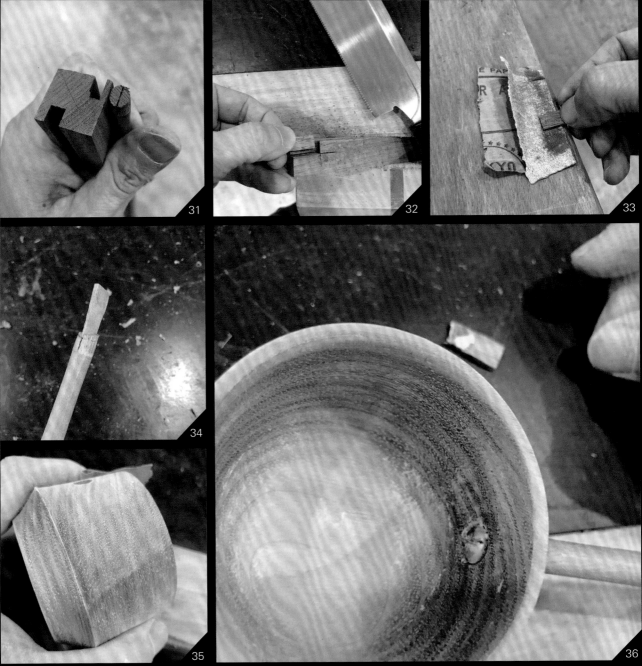

31  锯切出的榫片宽度应稍微大于榫头宽度。

32  用榫锯将榫片从废木料上锯切下来。

33  用120目砂纸将榫片打磨成斜面状，宽度侧则用凿子切成斜面。

34  试插榫片，确认插入后无破口。

35  用600目以上砂纸，顺着纹理打磨勺头外壁。

36  在接合部位涂上Ⅲ号木工胶或膨胀性较高的胶水，将手柄安装上后，用手指推压榫片进榫，再用凿子将多余榫片去除。

37 由于是回收木料，手柄并没有预钻穿绳孔，借机来说明一下后钻孔如何避免对向木料木纤维崩裂。手柄具有一个圆形斜面，并不像平面木料那样背面垫块木料来支撑那么容易处理。用自制楔形件防止圆手柄于钻孔过程中位移，左手抬起手柄，让钻孔面垂直于8mm钻头钻深。边钻边停下来观察，小心不要整个钻透，只需要让钻头尖透过去即可。

38 将手柄木料翻过来，能看到钻头尖处与周围木纤维些微崩裂的情形。崩裂范围不大，没有超过8mm钻头可覆盖的范围。

39 以钻头尖处为圆心，向下钻深，木料会遭受推挤，至中央即停止。

40 卸下钻头，用钻头将木料推出，即形成前后都没有崩裂部位的吊挂孔。

41 原锯切下来的木料与水勺做对比，能看到当初衔接部位的预钻孔，反向理解当初的制作流程规划。

42 静置24小时待木工胶完全干燥，再上油。

## 作品24　面粉勺

木料种类：胡桃木

木料尺寸：20cm × 10cm × 5.2cm

车削类型：面车削

学习重点：带手柄作品面车削、砂带机的使用

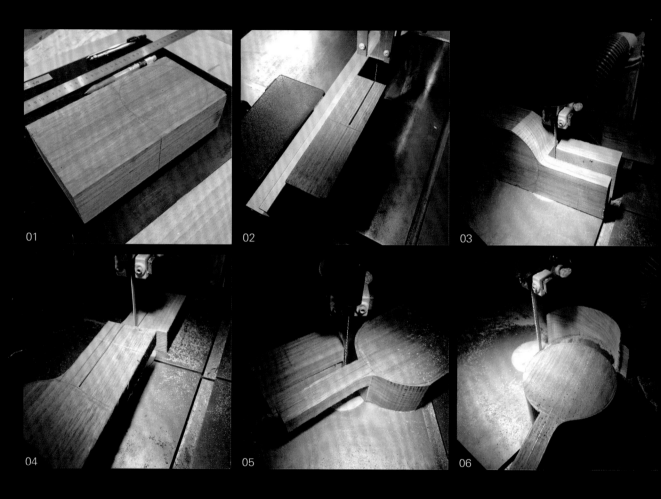

01　将面粉勺的设计外形绘制于木料上，用画线器在木料长纹理侧面画上勺柄的最大厚度。带锯的锯切最重要的是锯切时提供反作用力，没有反作用力下的锯切就是危险操作。

02　先用带锯将木料依照勺柄厚度锯切，到达面粉勺勺头前就停止并将带锯关机，退出木料。

03　将木料旋转90°，裁切勺柄与勺头的交界处。

04　将切割下来的木料放回原来的位置，支撑画线面，将勺柄正面两侧的木料去除。图中是右侧木料锯切完成、往前推送至勺头界线后，再回退的情形，可以看见下方支撑的木料也一起被锯切，留在带锯的上方锯台。

05　将刚才锯切下来的勺柄旁边的木料，再放回车削木料下方作为反作用力支撑，锯切勺头的圆形部分。

06　两侧都锯切完成后，切割掉上部剩余木料。

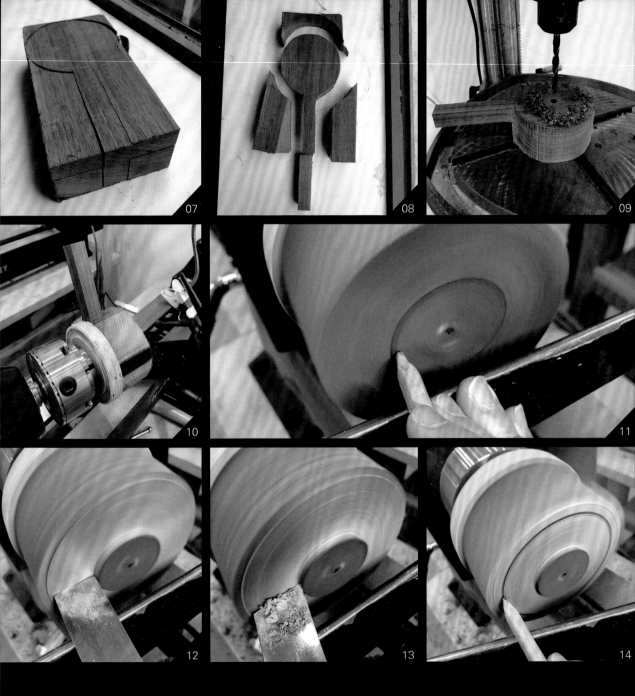

07 将带锯锯切的木料都拼回去，还是之前整块的形状。

08 这个面粉勺的初步锯切，总共有七块木料。目的是告诉读者带锯锯切提供反作用力的重要性，遇到类似情况，应该预先思考清楚锯切的顺序，才能免于报废木料与产生危害。

15　用碗刀车削出向上渐扩的外壁造型。

16　将木料掉头，用卡爪夹持外燕尾固定木料。

17　勺口外缘一圈与勺柄在同一旋转平面的部位是没有办法车削的，否则会与勺柄相撞。

18　启动车床，画出内缘车削范围。

19　车削勺内壁，去除木料。

20　也可以使用平口刮刀加速挖深，至预计底部后，再用碗刀车削出反曲壁面。

21 车削过程中随时注意壁厚，原则就是缘口可显轻薄，但下部与底座要厚实。

22 用掏空车刀或圆鼻刮刀修整壁面，去除端面孔隙。

23 用榫锯锯切一条顺着外壁造型走的锯缝，利用这条锯缝的通视来拿捏后续锯切与锉刀塑形。

24 将面粉勺翻过来置于锯台上，用带锯锯切勺边多余木料。

25 利用砂带机打磨、顺平勺口外缘。但因为勺外壁是一个斜面，有些斜面部位必须使用锉刀磨平。

26 将勺底外燕尾也磨除掉。

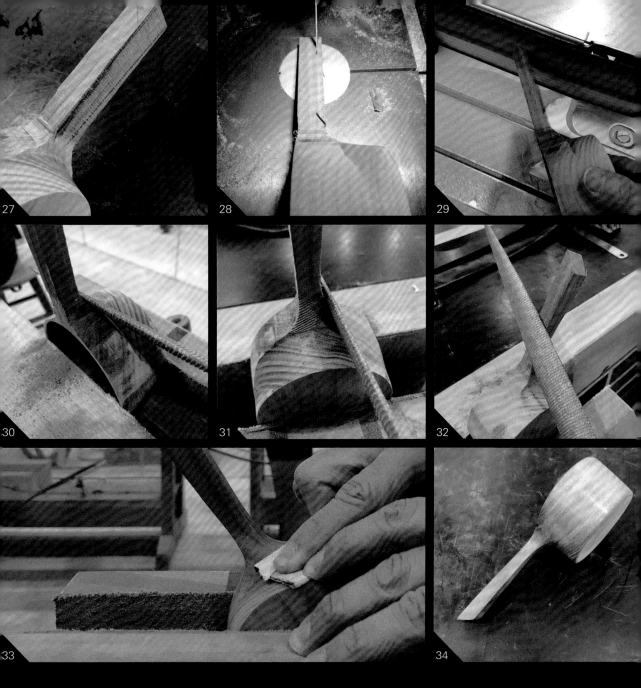

27    以搭配勺头的实际比例，将勺柄的外形描绘出来。

28    侧置木料，与锯台形成支撑，先锯切横截断线，再直送长纹理段去除木料。

29    用砂带机磨出勺柄末端倒斜面造型。

30    用黄金锉刀的前段半圆面锉出勺柄下方弧形。

31    再用锉刀形塑出勺柄两侧弧形。

32    勺柄长纹理面则用锉刀的平面部位来锉形。

33    于桌钳上仔细打磨，去除锉痕。

34    整体打磨至7000目砂纸时的面粉勺侧面。珍贵之处在于勺柄与勺头为整块木料，接续外木纹理贯通

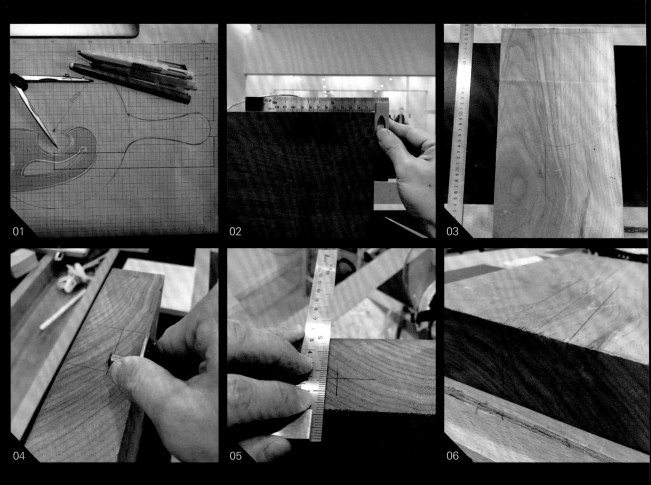

01　在方格纸上画出1：1的造型。手柄由于是对称车削，可以在正面造型设计完成后，将底面造型也画出来，剪下图纸贴在卡纸上，就可以成为外形模板了。

02　用直角尺检查每个面的相互垂直度，这是一个垂直双轴的轴车削与面车削混合的作业，木料面不垂直将造成轴心偏移、手柄歪斜的结果。

03　定出木料中心线。将外形描绘于长纹理面。注意上端应该预留1cm作为头顶尖敲击造成的凹痕的位置。

04　用画线器画出两端的手柄厚度中心线，距离木料表面2cm。

05　用直角尺延伸木料中心线至端面，与厚度中心线形成交点，即为轴车削旋转轴心。

06　手柄处形成的轴心十字线。

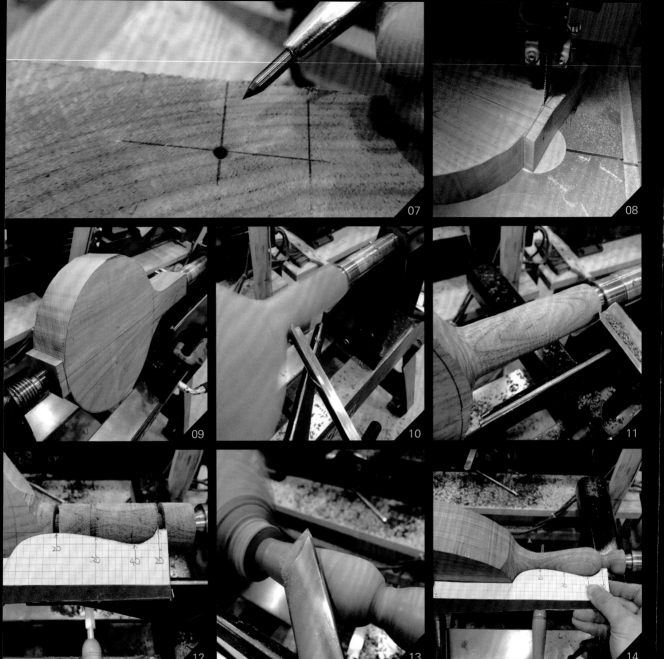

07 前缘画出的十字线。两个端面的交点都用锥子戳击。

08 使用带锯锯切去除多余木料。

09 将木料用头顶尖与尾顶尖固定于车床上。

10 调整刀架，启动车床，由圆形部位向着与手柄的交界部位进行打坯。

11 手柄则由右向左行进打坯至最左端交界处。

12 在模板上由左至右标示的反曲面低点、正反曲面转折点、正曲面高点、截断点位置，分别用截断刀车削出控制点直径。

13 用斜口车刀进行塑形。

14 可以看到钵形已经从中心点开始至手柄末端，展现出与设计模板差不多的造型。

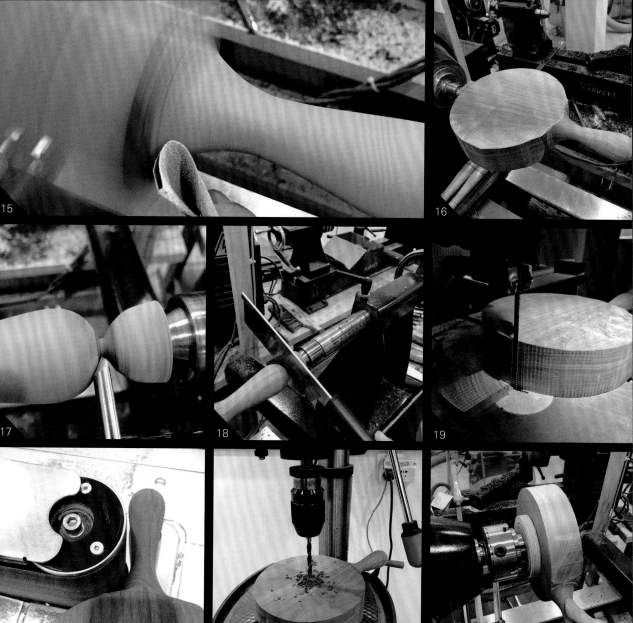

15 用砂纸打磨手柄，交界部位以卷折状形成弹性距离打磨。

16 手柄打磨完成。

17 用轴刀车削缩小截断点至直径5mm。

18 松开尾座转轴固定旋钮，放松一圈手轮降低压力，用手锯截断木料，移下车床。

19 用带锯锯除头顶尖位置木料。

20 使用砂带机将木料周围磨顺平。

21 于钻台上在圆心钻深3.5cm作为车削深度孔与固定孔。

23　用画线规画出半径2.5cm的圆。

24　用平口刮刀与斜口车刀制作内燕尾。

25　预先车削，将底部阳角木料去除。

26　打磨木料底面。

27　将木料掉头，用卡爪内撑燕尾，固定木料。

28　用碗刀车削钵内部去除木料，并用圆鼻刮刀修整表面。

29　打磨至7000目的高目数砂纸。

30　从车床上卸下木料，用铣床处理外壁。

31　底部与缘口使用号数相同的1in半径铣刀，差异在于铣刀升起的高度不同。使用铣床一定要注意安全，不清楚的地方一定要有老师在旁指导协助，切记木料推送方向与铣刀旋转方向相反，木料才不会被弹飞。

32　在木工桌上用黄金锉刀的半圆弧部位，打磨手柄与钵体交界处的反曲面区域。

33　用锉刀平面部位打磨底面阳角，使其续接顺平。

34　手柄端面的位置也先用锉刀打磨。

35　刀痕务必检查仔细，予以去除。

36　手工打磨至7000目的高目数砂纸，使其呈现光泽。

37　使用大量的砂纸打磨是完美造型的保证。

38　拼装被锯切掉的木料看起来相当有意思，手柄两侧的木料可以锯切、整理，用来制作轴车削作品。

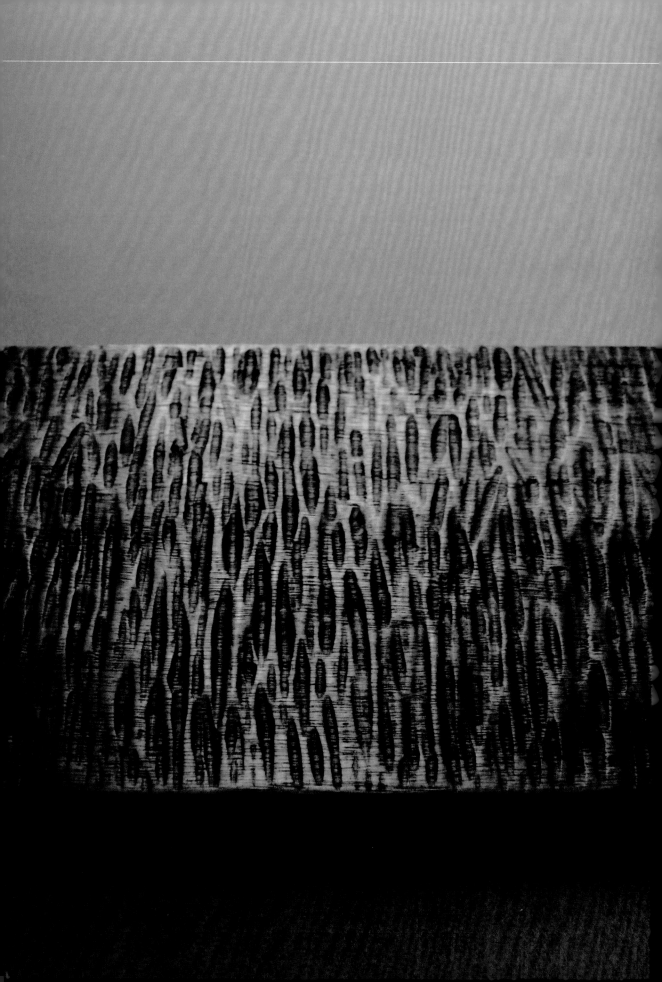

## 作品26　方凿盘

木料种类：胡桃木

木料尺寸：32cm×16cm×2.5cm

类型：手工凿盘

学习重点：雕刻刀横截凿削、圆盘砂的使用

01　在木料上用直角尺画上间距2cm的直线，作为雕刻时的参考线，避免雕刻时产生过度歪斜的情形。雕刻方向原则上垂直于长纹理，控制上比凿花碗会容易得多。笔者想要在盘内雕刻出树林中树干与枝叶重重交错的景象，并带有视觉冲击的时尚感。

02　用G形夹固定木料，使其平行于木工桌。

03　将木料大致分成三大部分，按顺序来进行雕刻。由中间段开始，将整面雕刻的垂直度先定下来，左段及右段于第二、第三顺位进行雕刻。

04　雕刻时用左手食指辅助施力，将弧形雕刻刀刀头下压，右手施力向前推，路径末端用右手微向上带出凿，形成一个渐变小的凿痕。路径要拉长时，推行距离较长即可。惯用左手的人则与上述左右手相反。

05　左段我们将雕刻路径加长，故意与中间段的短路径有些不同，来代表树种分布的变化。

06　所有的上半部，我们在靠近身体侧推凿完毕后，将木料掉头再进行制作；如果是由现在这个方向出凿的话，木料边缘的木纤维由于背面没有支撑，会产生撕裂的破口。

07 左半部完成后，将G形夹移至左侧。此时G形夹应该使用有软垫的部位，避免损坏木料。两个G形夹能够提供足够的力道，防止木料在雕刻时产生逆时针方向的位移。

08 凿顺了手感后，右半部我们以开枝散叶的方式来向外推凿。

09 与中间段交会时，开枝角度逐渐收敛。

10 将木料掉头，由盘缘向上推凿。这个盘的图案比较花哨、乱中有序，起凿进点不必过于一致。

11 左手食指下压雕刻刀，右手推凿，推一段距离如果没有出凿，左手食指则不要放，右手继续推进，则凿路不会中止。你也可以用这个方式控制凿路与原先对向凿路接通。

12 第一个图层算是已经全部完成、满布盘面。你可以决定要不要加上第二个图层，让"表情"丰富。

13 较短促的路径如果有分布过于集中的，可以将它们凿通连接；路径太长的，则可补个短凿分隔。

14、用400目以上较不吃木料的砂纸包覆橡皮擦进行局部雕刻凹槽的打磨，可以让你更看得清楚完成时的样子，来决定第二个图层的刻凿方式。

15 这是中间段与开枝散叶段接续处的第二个图层的调整。

16　加上一些渐变，让路径忽大忽小，忽浅忽深。

17　第二个图层加上去后，图案就变得丰富许多了。

18　用600目砂纸做整体的打磨，刻凿处仍可以用橡皮擦辅助贴合砂纸作为支撑。

19　将木料翻转，用画线器将盘体底座范围画出，长向左右向内退3cm，短向向内退5cm。

20　在木料侧面用木工铅笔画出底座边缘与盘边的连线。先画出短向底座边缘与盘面四个角的连线于木料长纹理的侧面。

21　用圆盘砂将短向边缘磨出斜面。

22　进行长向边缘的砂磨。其与盘面的接续面在砂磨至一定程度时，会因为太薄而插入台面的缝隙。制作量多的时候，应该制作模具来进行该工序。制作量少时，则手持木料稍微离开台面，轻触砂纸慢慢砂磨、形塑出边缘即可。接续得不是很好的线段，手磨即可。

23　也可以将木料掉头，以斜面倚靠的方式进行砂磨。

24　将垫块包覆上120目砂纸，进行四个斜面的打磨。打磨时顺着纹理方向进行。

01 将木料长纹理方向先进行平刨找平。

02 如果你不希望木料太薄，每1mm对你来说都很计较的话，翻过来木料检查时，刨平大约95％的面积即可；边角没有被刨到的部分，你只要清楚在制作过程中可能会被去除，就不用处理到100％。现在已经有足够的面积来支撑压刨刨削。

03 以被刨过的长纹理面作为靠山，刨平一侧长纹理侧面。用直角尺检查相邻两个面的垂直度后即算完成。

04 用压刨对木料另一个长纹理面进行刨平，1in（2.54cm）板的木料通常整平后为2.1～2.2cm厚。

05 在台锯上以木料厚度进行锯片高度的调整；锯片最高的一个锯齿整齿超过木料即可，亦即约有三个锯齿尖露出木料表面。

06 将要锯切整平的木料调整靠山、进行锯切，不要的废料置于左侧，此时靠山在右侧。

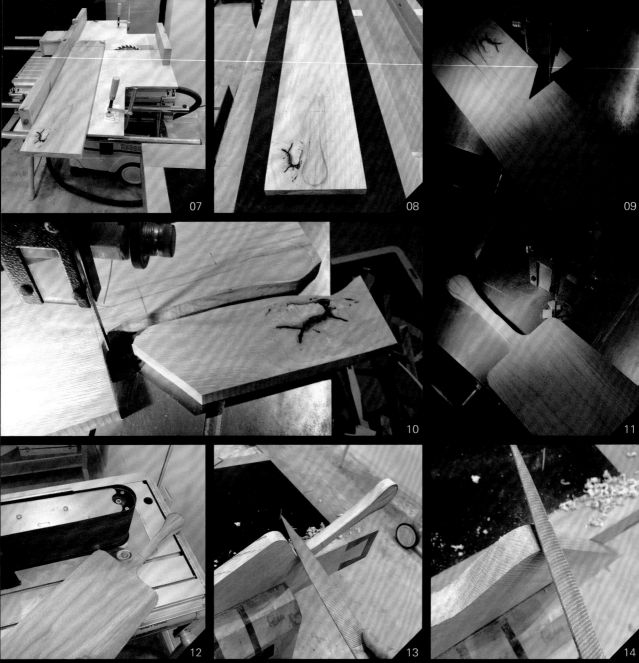

07 用另架设的推台锯或在台锯上用推把进行需求宽度的横截锯切。台锯上横截，要特别注意推把与靠山不可同时进行架设，否则木料会在锯切过程中弹飞伤人！

08 在整平且裁切尺寸满足需求的板材上画上托盘的外形。

09 用带锯锯切出外形，没把握一锯到底的路径，先锯切出出路。

10 锯切手柄长向，与刚才的横向锯切路径交会。

11 锯切阳角弧形。

12 用砂带机打磨可以磨到的范围，注意打磨时砂带务必保持与长纹理面的垂直度。打磨的目的是让木料的边缘完美；现在打磨的垂直度要求越高，铣出来的R角精度越好。

13 机器打磨不到的内角，用黄金锉刀的弧形面进行手工锉磨。

15 将木料夹持于桌钳上检查对称性，用手工锉刀进行细部修整。

16 将木料置于铣床上准备进行修整，不熟习的学员务必请老师在旁指导，以免发生危险。先将6mmR角的铣刀装置于铣床上，启动之前不能将木料靠在铣刀上，不然木料会弹飞。注意这组铣床的旋转方向为逆时针方向，木料行进的方向应与其相反。不论从什么方向进刀，永远顶着铣刀的圆心进刀，朝逆时针方向的反方向走。开机前必须进行走位演练，确认走刀的过程中周边没有干扰物。正面进行一次铣刨，反面再进行一次。

17 托盘于下侧直线进刀时，先距离边缘1cm左右，缓慢靠上，至木料刨除无声响后，向右微回拉，转角端点到铣刀圆心范围，即让木料向左走。这种进刀手法在走刀过程中，由于木料行进的方向与铣刀旋转方向相同，具有危险性，速度一定要放慢；如果没有把握，还是后续在铣床下用锉刀进行制作。

18 走刀至左肩阳角时，阳角弧形顶着铣刀圆心方向行进。

19 向左平移木料至内阴角，此时速度如果过慢，会形成烧痕；烧痕后续都可打磨去除，还是以安全为主。

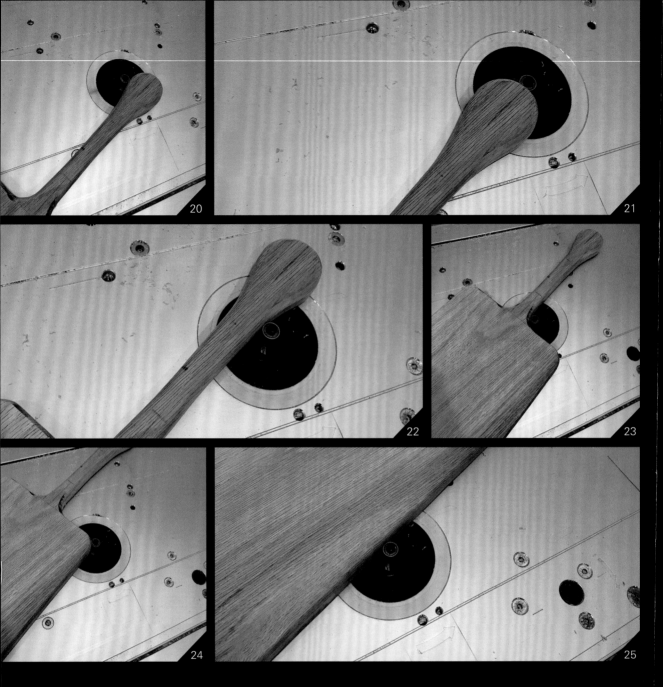

20 心形手柄末端以木料侧向力靠着铣刀，手指不要靠近。

21 缓慢绕着铣刀圆心左移通过顶点。

22 将木料往右侧施力朝着铣刀圆心方向向上行进，与铣刀旋转方向相反。

23 至右肩阴角时，顶着铣刀圆心方向，向左平移木料。

24 将右肩阳角顶端对着铣刀圆心方向绕行。

25 进入右侧直线长纹理部分，施以右侧向力，缓速行进带出木料即可。托盘的底部我们故意留下90°角，这样托盘外形看似简洁，事实上却有三种角度的细节隐藏其中。如果从头至尾都只有一种R角，那就太单调了，没有细节。

26　手柄已被6mmR角铣刀刨过，再用R角为9.5mm的铣刀进行手柄外形的修饰。铣刀的使用原则是，先铣掉一小部分木料，再铣下一个吃料较多、较广的部分，这样较为安全，不会将较窄的木料打断。

27　于钻台上钻出直径1in的造型吊挂孔，让托盘看起来像春秋战国时的磬器。

28　R95与R60的接续部位形成了非常好的弧形，像是人的肩膀与锁骨。用锉刀锉磨并用120目砂纸打磨。

29　托盘的长纹理侧面也同步用120目砂纸对R角及其与平面接续处进行打磨。

30　肩部打磨时，遇到木料端面也应顺着其主要纹理打磨，这样较有效率。用120目砂纸打磨完毕后，再逐次提高砂纸目数至600目。

31　平面的打磨可以辅助以手持电动圆砂来进行。宽度过窄、弧形角度部分则不适合使用圆砂。注意不要集中于一个位置打磨，否则以电动工具的效率，该部分会立即变圆或凹陷。

## 图书在版编目（CIP）数据

DIY木食器：打造自己的优雅食尚/林耿毅著. 一郑
州：河南科学技术出版社，2020.8
ISBN 978-7-5349-9931-4

Ⅰ.①D… Ⅱ.①林… Ⅲ.①木制品—餐具—制作
Ⅳ.① TS972.23

中国版本图书馆CIP数据核字（2020）第108791号

出版发行：河南科学技术出版社
　　　　　地址：郑州市郑东新区祥盛街27号　邮编：450016
　　　　　电话：（0371）65737028　　65788613
　　　　　网址：www.hnstp.cn
策划编辑：刘　欣
责任编辑：葛鹏程
责任校对：马晓灿
封面设计：张　伟
责任印制：张艳芳
印　　刷：北京盛通印刷股份有限公司
经　　销：全国新华书店
开　　本：787 mm×1092 mm　1/16　印张：12.5　字数：350 千字
版　　次：2020年8月第1版　　2020年8月第1次印刷
定　　价：88.00元